U0193901

内 容 提 要

本书以鸭的常发病、多发病及危害严重的流行病为重点，系统、全面地介绍了鸭病毒病、细菌性疾病、寄生虫病、营养及代谢病、中毒及其他疾病的病原、流行病学、主要症状、病理变化、诊断要点、类证鉴别及防治措施，常用抗菌药、抗病毒药、抗寄生虫药、杀虫药、消毒药、疫苗及高免血清的作用与用途、用量与用法、注意事项，种鸭及商品鸭基础免疫程序，我国部分兽药在家禽的停药期规定，我国食品动物禁用的兽药及其他化合物清单。内容丰富，实用性强，可操作性强，可供基层畜牧兽医工作者、养鸭场技术人员和养鸭专业户等学习和参考。

鸭　　病

艾地云　主编

中国农业出版社

本书有关用药的声明

兽医科学是一门不断发展的学问。用药安全注意事项必须遵守，但随着最新研究及临床经验的发展，知识也不断更新，因此治疗方法及用药也必须或有必要做相应的调整。建议读者在使用每一种药物之前，要参阅厂家提供的产品说明以确认推荐的药物用量、用药方法、所需用药的时间及禁忌等。医生有责任根据经验和对患病动物的了解决定用药量及选择最佳治疗方案。出版社和作者对任何在治疗中所发生的对患病动物和/或财产所造成的损害不承担任何责任。

中国农业出版社

丛书编委会

本书编委会

主　编　艾地云

副主编　邵华斌　程国富

参　编　罗　玲　张蓉蓉　王红琳　温国元

杨前平　罗青平　杨　峻

序言

《兽医全攻略》丛书编撰出版，对我国深化动物疾病防控工作、进一步提高畜牧兽医科学技术水平、促进我国畜牧业健康发展均具有重要的现实意义，这将是广大兽医科技工作者向中华人民共和国成立60周年庆典献上的一份厚礼，我十分高兴地表示祝贺。

《兽医全攻略》丛书是由中国畜牧兽医学会家畜传染病学分会与中国农业出版社通力合作，组织100多位兽医学科的专家与科技工作者，历经两年时间编写完成的。丛书分猪病、鸡病、鹅病、鸭病、牛病、羊病、兔病、犬病、猫病、特种养殖珍禽常见疾病、毛皮动物疾病、动物园动物疾病、观赏鸟类疾病、水产动物疾病及观赏鱼疾病15本分册，总共约1 200万字，其内容非常丰富、全面、科学、通俗、实用，具有很强的权威性、先进性的特色。丛书对各种动物的疾病从病原学、引发疾病的因素、流行特点、症状特征、诊断要点及防控技术措施等方面都做了全面详细的介绍，其内容综合了近几年来国内外动物疾病研究的新成果与新技术，基本上达到了科学性、实用性与可操作性的完美结合。既是一套科学普及各种动物疾病（包括人兽共患病）临床诊断技术与防控技术知识的丛书，又是一套理论结合实际的科普著作，可供广大畜牧兽医科技工作者、防疫检疫科技人员、大专院校教学及科学研究专业人员学习与参考。

由于时间急促，水平有限，书中难免存在错误或不足之处，敬请广大读者批评指正。

中国工程院院士
解放军军事医学科学院军事兽医研究所资深研究员
中国畜牧兽医学会家畜传染病学分会荣誉理事长　夏咸柱

2009年6月6日于长春

前言

随着我国水禽业及其加工业的迅猛发展，全国各地的养鸭数量急剧增长。集约化、规模化养鸭场、养鸭小区和具有一定规模的养鸭专业户大量兴起，有效地带动了经济的增长，成为当地农村脱贫致富的支柱产业。

养鸭业健康、持续的发展，除了要加强对鸭的科学饲养管理外，更应重视对鸭病的综合防治，以减少由于各种疾病的侵害而导致的经济损失。为此，我们编著了本书，以期提高广大基层兽医和养鸭技术人员对鸭病的诊治水平和综合防病、治病能力。

全书共分七章，分别为鸭病防控基本知识，病毒病，细菌性疾病，寄生虫病，营养及代谢病，中毒及其他疾病，防治鸭病常用药物及疫苗。并附有种鸭及商品鸭基础免疫程序，我国部分兽药在家禽的停药期规定，我国食品动物禁用的兽药及其他化合物清单。在内容介绍上，以鸭的常发病、多发病及危害严重的流行病为重点，系统、全面地介绍了鸭病毒病、细菌性疾病、寄生虫病、营养及代谢病、中毒及其他疾病的病原、流行病学、主要症状、病理变化、诊断要点、类证鉴别及防治措施，常用抗菌药、抗病毒药、抗寄生虫药、杀虫药、消毒药、疫苗及高免血清的作用与用途、用量与用法、注意事项等。内容丰富，实用性强，可操作性强，可作为基层畜牧兽医工作者、养鸭场技术人员和养鸭专业户等诊断与防治鸭病的工具书，也可作为教学、科研单位师生的参考书。

由于时间仓促，编者水平有限，编写内容难免存在缺点甚至错误，敬请读者批评指正。

编　者

目录

序言
前言
第一章　鸭病防控基本知识 …… 1
第一节　传染病发生的三个基本环节 …… 1
一、传染源 …… 1
二、传播途径 …… 1
三、易感鸭群 …… 1
第二节　疫病防控基本知识 …… 2
一、做好环境卫生工作 …… 2
二、做好消毒工作 …… 2
三、做好免疫接种工作 …… 3
四、做好隔离工作 …… 3
五、供应清洁的饮水 …… 3
六、鸭群发生传染病时的处理策略 …… 3
第三节　鸭病诊治基本知识 …… 4
一、病史调查 …… 4
二、临床检查 …… 4
三、病理剖检 …… 6
四、病料送检 …… 7
第二章　病毒病 …… 9
第一节　鸭瘟 …… 9
第二节　鸭禽流感 …… 11
第三节　雏鸭病毒性肝炎 …… 12
第四节　鸭细小病毒病 …… 14
第五节　雏番鸭的鹅细小病毒感染（小鹅瘟） …… 16
第六节　番鸭呼肠孤病毒性坏死性肝炎（花肝病） …… 19
第七节　鸭疱疹病毒性坏死性肝炎（白点病） …… 21
第八节　鸭病毒性肿头出血症 …… 23

第九节 鸭副黏病毒病 …… 24
第十节 鸭腺病毒感染（鸭减蛋综合征） …… 25
第十一节 鸭传染性法氏囊病 …… 27

第三章 细菌性疾病 …… 29

第一节 鸭巴氏杆菌病（鸭霍乱） …… 29
第二节 鸭传染性浆膜炎 …… 31
第三节 鸭大肠杆菌病 …… 35
第四节 鸭沙门氏菌病（鸭副伤寒） …… 38
第五节 鸭慢性呼吸道病（支原体病） …… 40
第六节 鸭葡萄球菌病 …… 42
第七节 鸭链球菌病 …… 44
第八节 鸭结核病 …… 45
第九节 鸭伪结核病 …… 47
第十节 种鸭魏氏梭菌性坏死性肠炎 …… 49
第十一节 鸭细菌性关节炎综合征 …… 50
第十二节 鸭衣原体病（鸟疫） …… 51
第十三节 雏鸭念珠菌病 …… 53
第十四节 鸭曲霉菌病 …… 54

第四章 寄生虫病 …… 58

第一节 原虫病 …… 58
一、鸭球虫病 …… 58
二、隐孢子虫病 …… 59
三、组织滴虫病 …… 60
第二节 绦虫病 …… 61
膜壳绦虫病 …… 61
第三节 棘头虫病 …… 62
第四节 吸虫病 …… 63
一、前殖吸虫病 …… 63
二、环肠吸虫病 …… 64
三、棘口吸虫病 …… 65
四、嗜眼吸虫病 …… 65
五、后睾吸虫病 …… 66
六、背孔吸虫病 …… 67

七、光口吸虫病 …… 68
八、鸭血吸虫病 …… 69
第五节 线虫病 …… 70
一、鸟蛇线虫病（鸭丝虫病） …… 70
二、鸭胃线虫病 …… 71
三、鸭毛细线虫病 …… 72

第五章 营养及代谢病 …… 73

第一节 维生素A缺乏症及中毒 …… 73
第二节 维生素D缺乏症 …… 75
第三节 维生素E和硒缺乏症 …… 76
第四节 维生素B_1缺乏症 …… 77
第五节 维生素B_2缺乏症 …… 78
第六节 锰缺乏症 …… 79
第七节 钙、磷缺乏症 …… 80
第八节 蛋白质缺乏症 …… 82
第九节 痛风 …… 82
第十节 异食癖 …… 83
第十一节 鸭脂肪肝综合征 …… 85

第六章 中毒及其他疾病 …… 86

第一节 黄曲霉毒素中毒 …… 86
第二节 肉毒梭菌毒素中毒 …… 87
第三节 食盐中毒 …… 88
第四节 磺胺类药物中毒 …… 88
第五节 应激综合征 …… 90
第六节 公鸭阴茎脱垂症 …… 91
第七节 光过敏症 …… 92
第八节 鸭淀粉样变病 …… 94
第九节 皮下气肿 …… 95

第七章 防治鸭病常用药物及疫苗 …… 96

第一节 常用治疗药物 …… 96
一、抗菌药和抗病毒药 …… 96
青霉素（苄青霉素、青霉素G） …… 96

氨苄青霉素（氨苄西林、安必仙） …… 96
头孢菌素类（先锋霉素类） …… 97
硫酸链霉素 …… 97
硫酸卡那霉素 …… 97
硫酸庆大霉素（正泰霉素） …… 98
庆大-小诺霉素 …… 98
新霉素（弗氏霉素） …… 98
金霉素（氯四环素） …… 98
强力霉素（脱氧土霉素） …… 99
红霉素 …… 99
氟苯尼考（氟甲砜霉素） …… 99
林可霉素（洁霉素、林肯霉素） …… 100
北里霉素（柱晶白霉素） …… 100
泰乐霉素（泰农） …… 100
多黏菌素 …… 100
杆菌肽 …… 101
诺氟沙星（氟哌酸） …… 101
环丙沙星（环丙氟哌酸） …… 101
恩诺沙星（乙基环丙沙星） …… 102
氧氟沙星（氟嗪酸） …… 102
磺胺二甲嘧啶（SM2） …… 102
磺胺-5-甲氧嘧啶（磺胺对甲氧嘧啶、SMD） …… 102
三甲氧苄氨嘧啶（甲氧苄氨嘧啶、TMP） …… 103
制霉菌素 …… 103
克霉唑（三苯甲咪唑、抗真菌1号） …… 103
二、抗寄生虫药及杀虫药 …… 104
左旋咪唑（左咪唑、左噻咪唑） …… 104
丙硫苯咪唑（抗蠕敏、阿苯唑） …… 104
硫双二氯酚 …… 104
氢溴酸槟榔碱 …… 104
吡喹酮 …… 105
氯苯胍 …… 105
盐酸氨丙啉（安宝乐） …… 105
杀球灵（地克珠利） …… 105
磺胺喹噁啉（SQ） …… 106

伊维菌素（害获灭） …… 106
马拉硫磷（马拉松） …… 106
胺菊酯 …… 106
第二节　常用消毒药物 …… 107
氢氧化钠（苛性钠） …… 107
生石灰 …… 107
漂白粉（含氯石灰） …… 107
高锰酸钾 …… 108
甲醛 …… 108
过氧乙酸（过醋酸） …… 108
复合酚（毒菌净、菌毒敌、菌毒灭） …… 109
煤酚皂溶液（甲酚、来苏儿） …… 109
新洁尔灭（溴苄烷铵） …… 109
百毒杀 …… 110
碘 …… 110
乙醇（酒精） …… 111
第三节　常用疫苗及高免血清 …… 111
一、疫苗 …… 111
鸭瘟鸡胚化弱毒冻干疫苗 …… 111
禽流感油乳剂灭活疫苗（H5、H9单价苗或H5＋H9双价苗） …… 111
雏鸭病毒性肝炎弱毒疫苗 …… 112
雏番鸭细小病毒弱毒疫苗（三周病） …… 112
小鹅瘟GD弱毒疫苗 …… 113
小鹅瘟油乳剂灭活疫苗 …… 113
鸭副黏病毒病油乳剂灭活疫苗 …… 113
禽霍乱弱毒活疫苗 …… 114
禽霍乱油乳剂灭活疫苗 …… 114
二、抗血清和高免蛋黄抗体 …… 115
抗鸭瘟高免血清 …… 115
抗雏鸭病毒性肝炎血清 …… 115
抗小鹅瘟高免血清 …… 115
抗小鹅瘟高免蛋黄液 …… 116
第四节　使用药物的注意事项 …… 116
一、使用治疗药物的注意事项 …… 116
二、使用疫苗免疫接种的注意事项 …… 118

附录 …… 119

附录一　肉鸭祖代、父母代种鸭基础免疫程序 …… 119
附录二　商品代肉鸭基础免疫程序 …… 119
附录三　蛋鸭祖代、父母代种鸭基础免疫程序 …… 120
附录四　商品代蛋鸭基础免疫程序 …… 120
附录五　我国部分兽药在家禽的停药期规定
(兽药名称、执行标准、停药期) …… 120
附录六　我国食品动物禁用的兽药及其他化合物清单 …… 123

参考文献 …… 125

第一章　鸭病防控基本知识

“预防为主，治疗为辅，防治结合”是防治鸭病的总策略。鸭病的发生，既与鸭本身的抗病力有关，又受到环境因素的影响。因此，实施鸭无公害饲养技术，建立健康的鸭群，以增强鸭对疫病的抵抗力及免疫力；实施综合有效的防疫措施，以降低鸭的发病率、死亡率；选择敏感、高效、无残留的药物，勿使用禁用药物，严格遵守休药期，以减少环境污染、提供食用安全的鸭产品，是保障养鸭业健康、可持续发展的关键。

第一节　传染病发生的三个基本环节

传染病在鸭群中流行必须具备传染源、传播途径和易感动物三个基本环节。因此，及时切断任何一个环节即可终止流行。

一、传 染 源

传染源即传染来源。

1. 患病并带有大量病原体的鸭及患病死亡鸭的尸体是最危险的外源性传染来源。病鸭排出的病原微生物直接传染给健康鸭，或污染了外界环境中的各种物体，使其成为传染媒介。当易感动物接触了这些传染媒介，就能构成传染发病。被感染发病的鸭又成为新的传染来源，再污染周围环境，如此继续传播下去，就形成了水平传播，构成了疫病的大流行。

2. 病愈或正常带菌（毒）的鸭是危险的内源性传染来源。

3. 患病或病愈鸭产的种蛋是疫病垂直传播的来源。

二、传播途径

病鸭或带菌（病毒）鸭排出的病原体，通过被污染的饲料、牧草、饮水、空气、土壤、昆虫、老鼠、运输工具，以及养鸭者和有关人员、参观者的衣服、鞋等传染给健康鸭。

三、易感鸭群

病原微生物侵入鸭体后，能否引起鸭发病，与鸭的品种、年龄有关，还决定于病原体致病力的高低、毒力的强弱和数量的多少，同时与病原体侵入机体的途径也有密切的关系。

为了预防和控制传染病的流行，应查明和消灭传染源，切断传播途径，提高鸭的抗病力和免疫力。

第二节 疫病防控基本知识

一、做好环境卫生工作

1. 育雏室必须每天清扫干净，定期消毒，垫料必须干燥、无霉变、无污染、不含硬质杂物，食槽及饮水器每天清洗并消毒，定期清理粪便和垫草。

2. 运动场要及时清扫，定期消毒。

3. 做好科学灭鼠、灭蝇工作，但要注意鼠药的保管和使用，并及时清理死鼠和死蝇，保证人和鸭群的安全。

二、做好消毒工作

1. 消毒对象 消毒的对象包括一切可能被病原微生物污染的饮水、设备、用具、粪便、衣物、车辆、种蛋、孵化室、孵化器及运动场等。

2. 消毒方法

（1）鸭舍墙壁可用消毒液喷洒或定期用石灰乳粉刷。扫干净的运动场以及鸭舍地面与墙的夹缝，每周用2%～3%的氢氧化钠或其他消毒液喷洒 2～3 次；鸭场的大门口、生产区门口以及生产区内各栋鸭舍、孵化室及育雏室的入口处设水泥结构消毒池，池内放置吸水性好的脚垫，倒入 2%～3%的氢氧化钠或其他消毒液，浸没脚垫，人员进出时踩踏消毒，并定时更换。在每栋鸭舍的门口放置 1 个消毒盆用作饲养人员进行手的消毒，放一个消毒桶，用作长筒靴浸泡消毒。

（2）谢绝参观 严禁车辆及无关人员进入鸭场，对需要进入生产区的车辆必须进行消毒，车辆须经过一个长 7 米、宽 5 米的消毒门廊（即消毒门廊上下左右都有喷嘴，可从四面喷洒消毒液到达车身），司机若要下车工作，应同本场工作人员一样进行消毒处理。具体做法是：换上消毒好的清洁工作服、帽及专用鞋，用肥皂洗干净手后，浸泡在 1∶1 000 的新洁尔灭消毒液内 3～5 分钟，用清水冲洗后擦干，然后通过脚踏消毒池后进入生产区。也可在大门口设立消毒池，但应经常检测池里消毒液的有效浓度并及时加以调整，以保证良好的消毒效果。

（3）购进鸭苗前，育雏室除一般的清洗和消毒外，室内空间还可采用福尔马林熏蒸消毒。第一级，每立方米空间用福尔马林 14 毫升，加高锰酸钾 7 克。第二级，用 28 毫升福尔马林，加高锰酸钾 14 克。第三级，用 42 毫升福尔马林，加高锰酸钾 21 克。一般消毒可用第一级，如发生传染病时，可采取第二级或第三级消毒。消毒前需将鸭舍门窗缝隙糊上旧报纸密封，经 12～24 小时后，打开门窗通风换气，需急用时，为了清除室内甲醛的气味，可按每立方米面积，将 5 克氯化铵、10 克生石灰和 75℃的热水 1 000 毫升，用一容器混合后置于舍（室）内，让其产生的氨气和甲醛气体中和即可。孵化室也可按此法消毒。

（4）带鸭消毒　在消毒之前先清扫鸭舍，选择广谱、高效、杀菌作用强而毒性和刺激性低，对金属、塑料制品的腐蚀性小的消毒药，如百毒杀、过氧乙酸（每立方米鸭舍空间用 30 毫升 0.3%的过氧乙酸）等。水温一般控制在 30～45℃，寒冷季节水温要高一些，夏季可低一些。喷雾器的雾点直径为 60～80 微米，喷雾量掌握在每平方米 30～50 毫升，每周 1～3 次。

（5）当鸭子全部出舍后，对空舍进行消毒。先除粪、清扫、干燥，然后经两次药液消毒，再干燥，最后空置 2 周。

（6）平时若发现不明原因死亡鸭的尸体，应深埋并在尸体上撒上生石灰，不得乱丢，粪便进行无害化处理。

三、做好免疫接种工作

应在免疫监测的指导下，根据鸭场疫病的流行病学情况，制定科学、实用的免疫程序，并根据实际情况不断总结、修改和调整。对本地区、本鸭场及周边鸭场常发病、多发病，重点免疫接种。

四、做好隔离工作

不同日龄鸭群应隔开饲养，发现病鸭立即隔离，新引进的鸭群应在另处隔离饲养 15～21 日后才能混群，避免引进疫病。

五、供应清洁的饮水

对污染水源可采用下列方法消毒。

1. 沉淀法　明矾或硫酸铝，其用量随水的浑浊程度而定，通常用十万分之一。

2. 百毒杀　1∶10 000～20 000 稀释，用于饮水消毒。

3. 漂白粉（含氯石灰）　每立方米水加入 6～10 克，30 分钟后即可饮用。

4. 次氯酸钠　原液 1∶1 500～3 000 稀释，直接加入水中。

5. 三氯异氰尿酸　每升水用 4～6 毫克。

六、鸭群发生传染病时的处理策略

1. 发现疫情要及时　对鸭群要勤观察，一旦发现少数鸭只发病，应立即将其隔离、治疗或处理。发现疫情后，尽快请有关部门确诊（必要时可取病料送检）。

2. 尽快采取措施

（1）*尽快将病鸭隔离*　若确诊为烈性传染病，应立即上报，并将病鸭场（群）封锁，采取一切措施防止疫病扩散。绝不能在此期间购进新鸭，并按有关规定处理。

（2）*尽早进行紧急预防接种*　有弱毒疫苗预防的疫病，如鸭瘟病，可立即注射鸭瘟鸡胚化弱毒疫苗。若是小鹅瘟，可注射高免蛋黄液或高免血清。

（3）*尽快进行消毒*　消毒工作与病鸭的隔离工作密切结合起来。每天消毒一次，只要不在严冬育雏，都可以采取带鸭消毒。

（4）*尽快积极治疗*　除高免蛋黄液或高免血清外，还可以配合药物治疗。

（5）*淘汰和正确处理病鸭、死鸭*　属高致病性或重病鸭应及早淘汰，但严禁出售。死鸭不能乱丢，应深埋。疫情控制之后，对鸭场再进行彻底消毒。

第三节　鸭病诊治基本知识

一、病史调查

鸭群食欲、饮欲的变化、精神状态等的异常往往是疾病发生过程中首先出现的症状，也是养殖者求医的原因。首先应通过养殖者对鸭群发病前后的情况（病史）进行调查了解，从中获取与正在发生的疾病有关的重要线索。调查的内容主要包括鸭的种类、品种和日龄，发病的时间，病鸭的表现，有无治疗处理及其效果，饲养环境和卫生状况，日粮的配比及变化，鸭群的免疫接种等。

二、临床检查

1. 群体检查　为了避免对发病鸭的过分惊扰，可先远距离观察，待禽群逐渐适应后，再接近并作进一步的观察和检查。观察禽群内的鸭是否分布均匀，有无拥挤或扎堆现象，采食和饮水状态，粪便情况如何等。对笼养鸭，还应检查笼具大小、安装是否合适，有无破损，供料、供水系统是否适合，状态是否良好等。凡羽毛松乱而无光泽、羽毛异常脱落或生长异常，精神呆滞或嗜睡，翅尾下垂，呼吸、姿态或动作异常，头颈蜷缩或伏卧不起，颜面肿胀，眼鼻分泌物增多，食欲降低或废绝，粪便异常等表现者均为病象，应逐一挑出和作进一步的检查。

2. 病鸭个体的检查　个体检查的内容主要包括病鸭的精神、体态、羽毛、营养状况和发育情况、呼吸、目光、食欲、饮欲等及各个系统的功能、结构有无明显的异常。

（1）精神状态和机能的检查　大多数疾病都能引起病鸭表现精神沉郁、毛松眼闭等症状。如出现昏睡或昏迷，多属代谢紊乱性疾病、严重传染病后期或某些中毒性疾病，预后多不良。精神兴奋、运动增强、向前冲突或不断转圈，是中枢神经系统兴奋性升高的表现，常见于脑炎初期、毒物中毒或会引起中枢神经系统受损伤疾病的后遗症。脊髓损伤可表现出动作不协调，虽有采食欲，但不能准确地啄取食物，如鸭疫里默氏杆菌病就以头颈震颤和共济失调为其特征性症状。

（2）营养状态和发育情况检查　鸭体消瘦、生长发育不良、矮小均为营养不良的征候，常见于营养缺乏病或慢性消耗性疾病。

（3）羽毛、皮肤及可视黏膜检查　羽毛生长不良、粗糙和容易脱落，多与日粮中氨基酸（特别是含硫氨基酸）、维生素（如泛酸等）、微量无机元素（如锌等）的缺乏有关，也可能是寄生虫病的一种表现，临床可见啄羽等症状，但要与正常的换羽相区别。眼周羽毛污脏不洁和黏液、血液黏附则可能揭示鸭疫里默氏杆菌病等疾病，而肛周羽毛污秽、沾有粪便则多为腹泻的特征。皮肤的检查应注意其有无创伤、颜色、状态等的异常，如皮下气肿多见于气囊破裂，而皮肤干燥、皱缩是脱水的表现。

（4）呼吸系统检查　检查内容包括呼吸的频率、状态、呼吸音和鼻漏等。在正常情况下，鸭的呼吸频率都有一定的范围，超过这个范围的上限即称为呼吸频率增加、呼吸急促或浅频呼吸；反之则称呼吸频率减缓，或呼吸深长。前者多见于发热、贫血、胸腔或肺部疾患，而后者则多见于昏迷、上呼吸道分泌物增多或异物引起的狭窄等情况。高温中暑时可见张口喘息、呼吸急迫、两翅张开等症状。

（5）消化系统检查　主要指口腔、舌、咽喉、食道膨大部、腹腔脏器、泄殖腔和肛门周围的检查，以发现其色泽有无改变，有无渗出物、创伤、炎症、溃疡、异物或寄生虫，食道膨大部的胀满程度及其性质，腹部是否胀满及其性质如何，泄殖腔黏膜有无充血、出血、坏死或溃疡，排粪的情况、数量及其性状等。

（6）食欲及饮欲检查　许多传染病在发病过程中，常见食欲减少或废绝，而断饲或限饲等长期饥饿后恢复供料，可见食欲亢奋和暴食。高温季节，腹泻，日粮中食盐、钾和镁含量高或食盐中毒，以及发生热性传染病时，禽群饮水量增加，甚至出现暴饮现象。

（7）体表检查　口腔、舌面、咽喉出现炎症、结节、伪膜可见于维生素A缺乏、鸭瘟、念珠菌感染等疾病。食道膨大部膨大硬实，可能是其内充满干燥的未消化饲料或羽毛、泥沙等异物；食道膨大部膨胀，柔软下垂，倒提时从口中流出大量酸臭液体，此多由食物发霉变质所致，而鸭霍乱、鸭瘟等传染病时亦可发生。

腹部触诊有助于了解腹腔内部的一些情况，如有无肿瘤或异物、母鸭是否蛋滞留、肝脏是否肿大及其质地是否正常、有无腹水等。腹部膨隆下垂、有波动感提示腹水的存在，可见于卵黄性腹膜炎、大肠杆菌病、肝肿瘤、腹水综合征等。许多疾病都会导致腹泻，多可见肛门羽毛污秽和有稀粪，依据粪便的性质、色泽等常能为临床诊断提供有用的信息。

8. 体温测定　测量病鸭的体温亦可为疾病的诊断提供必要的线索。一般来说，患急性传染病时，病鸭的体温多有不同程度的升高，而临死前则常有体温下降。慢性传染病病例，通常发热不明显。中毒性疾病和营养代谢性疾病，其体温多属正常范围，或稍低于正常。热应激（热射病或中暑）时，体温常有明显的升高。

三、病理剖检

死鸭应放在方形瓷盘上进行检查。

1. 体表检查

(1) 天然孔的检查　注意鸭的口、鼻、眼等有无分泌物、排泄物及其数量和性状；鼻窦有无肿胀，在鼻孔前将喙在上颌横向剪断，以手稍压鼻部，如有分泌物则可见流出；检视泄殖孔内黏膜的变化，内容物的性状及其周围羽毛有无粪污等情况。

(2) 皮肤的检查　注意鸭的头部及各种皮肤有无皮疹、创伤或肿胀。此外，应检查腿部有无趾瘤，关节有无肿胀，胸部龙骨有无变形、弯曲等。

2. 体腔检查及内脏器官的摘出　外部检查后，用消毒水或清水将鸭羽毛稍微擦湿，以免羽毛飞扬而影响工作和播散病原。用剪刀将腹部连于股部的两侧皮肤剪开后，将两大腿向外翻压直至使关节脱臼，使鸭呈卧位平放于瓷盘上。

将上述切线分别向上延伸至胸部，再在泄殖孔前的皮肤上作一与两侧腹壁切线垂直的横切，然后将横切线切口处的皮下组织稍分离后，把皮肤向前撕拉而使腹部和胸部的皮肤整片分离，使之暴露皮下组织并进行检视。

在泄殖孔前的横切线处剪开体腔，并沿胸骨两侧的肋软骨连接处，由后向前将肋骨、乌喙骨和锁骨剪断，用刀将龙骨向上、向前翻拉并剪断周围软组织，取出胸骨，暴露体腔。

剖开体腔后，首先检视各部气囊及体腔内各脏器的状态。正常的气囊膜透明、菲薄而有光泽，如见浑浊、增厚或有渗出物被覆或增生物附着即属异常。体腔内各器官表面应湿润、有光泽，若体腔内液体增多，有黏稠性渗出物或其他异物，则为异常。

检查体腔后，先将心脏、肝脏摘出，然后将食管膨大部、肌胃、肠、胰、脾脏等一同摘出，最后摘出肺和肾、肾上腺等器官。摘出心脏前，先检查心包囊的壁层是否与胸膜粘连，然后剪开心包囊，检查心包液的数量及其性状、心包囊的脏层与心外膜有无粘连。

剖检颈部时，将下颌、食管剪开，观察食管黏膜的变化、内容物的数量和性状。然后，将气管剪开，检视其黏膜和管内分泌物的情况。

检查头部时，先将头部皮肤剥离，然后除去整个颅顶骨，露出大、小脑，以钝器轻轻拨离并剪断嗅脑、脑下垂体及神经交叉等，然后将大、小脑摘出。观察脑膜血管的状态、表面及切面脑实质的变化。

3. 各器官的检查

（1）心脏　注意其外观形状、大小、心外膜的状态，然后打开两侧心房和心室，并检查心内膜、心肌的色泽和质地等变化。

（2）肺脏　观察其颜色和大小，指压检查其肺泡的虚实程度及组织内有无结节形成。然后再作切面检查，注意切面是否有多量血液或其他性质的液体流出，切面的颜色和结构有无异常。

（3）肝脏、脾脏和肾脏　检查其大小、颜色、质地有无改变，表面及切面的状态，有无坏死和出血点。

（4）食管膨大部和肌胃　将食管膨大部和肌胃一起剪开，检查食管膨大部壁的厚度，内容物的性状，黏膜及腺体的状态，有无寄生虫存在，肌胃角质膜的状态，剥离后肌胃壁的情况。

（5）肠管　观察肠系膜和肠浆膜的情况后，剪开肠管并检查其内容物的颜色、性状、气味，有无寄生虫和肠浆膜的种种变化。

（6）卵巢　注意检查其卵泡的形态和色泽，以及表面血管的状态。

（7）睾丸　观察其大小、颜色、表面及切面的变化。在剖检过程中，如需作进一步的组织学检查，可在进行上述检查时采集适当大小的组织块［一般为（1～1.5）厘米×（1～1.5）厘米×0.3厘米大小］，立即放入预先准备好的10％的中性福尔马林固定液中，注明编号、日期等。

四、病料送检

1. 取材时间　内脏病料的采取，须于鸭死后立即进行，最好不超过6小时，时间过长，肠内其他细菌侵入，会使尸体腐败，有碍于病原菌的检出。

2. 器械的消毒　刀、剪、镊子等用具可煮沸消毒30分钟，使用前最好用酒精擦拭，并在火焰上灼烧。器皿（玻制、陶制等）在高压灭菌器内或干烤箱内灭菌，或放于0.5％～1％的碳酸氢钠水中煮沸。软木塞和橡皮塞置于0.5％石炭酸水溶液中煮沸10分钟。载玻片应在1％～2％的碳酸氢钠水中煮沸10分钟，水洗后再用清洁纱布擦干，将其保存于等份酒精、乙醚液中备用。注射器和针头放于清洁水中煮沸30分钟即可。采取一种病料，使用一套器械与容器，不可再用其采取其他病料或容纳其他脏器材料。

3. 各种病料的采取

（1）不同的传染病　应根据微生物在组织器官中的分布情况来决定采取病料的种类。在无法判断是哪种传染病时，可进行全面的采取。为了避免污染杂菌，病变的检查应待取材完毕后进行。

进行病毒分离的病料应采自发病早期典型的病例，病程较长的鸭不宜用于分离病毒。病鸭扑杀后应以无菌操作法解剖尸体和采取病料。不同传染病所采病料不同，以禽流感为例，最好的检验病料为气管、肺、脑组织，应优先采集，高热期的血液中也有较高病毒含量。另外，脾、肝、肾和骨髓也可做为病毒分离的材料。

病毒病料处理：按1克组织加入5～10毫升灭菌生理盐水进行研磨，每毫升研磨液中加入青霉素和链霉素各1 000国际单位，置入4℃冰箱作用2～4小时或37℃处理1小时后，以1 500转/分离心10分钟，取上清液作为接种材料。

（2）脓汁　用灭菌注射器或吸管抽取或吸出脓肿深部的脓汁，置于灭菌试管中。若为开口的化脓灶或鼻腔时，则用无菌棉签浸蘸后，放在灭菌试管中。

（3）淋巴结及内脏　将淋巴结、肺、肝、脾及肾等有病变的部位各采取1～2厘米的小方块，分别置于灭菌试管或平皿中。

（4）血液

①全血　采取1～10毫升全血，立即注入盛有5%柠檬酸钠1～10毫升的灭菌试管中，搓转试管混合片刻后即可。

②血清　以无菌操作采取血液1～10毫升于灭菌试管中，待血液凝固、析出血清后，吸出血清置于另一灭菌试管或小瓶内，待检。

（5）肠　如果仅采取肠内容物，则用烧红刀片或铁片将欲采取的肠表面烙烫后穿一小孔，持灭菌棉签插入肠内，以便采取肠内容物；亦可用线扎紧一段肠道（约6厘米）的两端，然后将两端切断，置于灭菌器皿内。

（6）皮肤　取大小约10厘米×10厘米的皮肤1块，保存于30%甘油缓冲溶液中。

（7）脑脊髓　如采取脑、脊髓作病毒检查，可将脑、脊髓浸入50%甘油盐水液中。也可将整个头部割下，装入灭菌的塑料袋中送检。

（8）供显微镜检查用的脓、血液及黏液抹片　先将材料置玻片上，再用一灭菌玻棒均匀涂抹或另用一玻片抹之。组织块、致密结节及脓汁等亦可压在两张玻片中间，然后沿水平面向两端推移。用组织块作触片时，用镊子将组织块的游离面在玻片上轻轻涂抹即可。

第二章 病毒病

第一节 鸭 瘟

鸭瘟又名鸭病毒性肠炎，是由鸭瘟病毒引起的鸭、鹅和其他雁形目禽类的一种急性、热性、败血性传染病。该病的特征是流行广泛，传播迅速，发病率和死亡率都高。早在 1923 年 Baudet 在荷兰首次发现本病，直到 1940 年首次提出鸭瘟的名称，并确认是一种不同于鸡瘟的新病毒病。以后在欧、美各国均有本病发生的报道。鸭瘟在我国流行的正式报道是黄引贤 1957 年在广东首先提出的，随后在武汉、上海、浙江、江苏、广西、湖南和福建等地陆续发现，至 20 世纪 80 年代传播到东北各省。1957 年以来，本病广泛流行于我国华南、华中、华东养鸭业较发达地区，造成很大的经济损失。

[病原]

鸭瘟病毒属于疱疹病毒，是一种泛嗜性全身性感染的病毒。电镜观察病毒粒子呈球形，有囊膜，病毒核酸类型为双股 DNA。病毒容易在鸭胚上生长，常用鸭胚成纤维细胞，能引起明显的细胞病变，并能出现蚀斑。鸭瘟病毒不耐热，对酸碱敏感，对有机溶剂敏感。该病毒由于不存在血细胞凝集素，不能凝集各种动物的红细胞。目前在世界上分离到的病毒株，只有一个血清型。

[流行病学]

鸭瘟对各种年龄和品种的鸭均易感，但发病率和死亡率有一定的差异。在本病流行期间，死亡率最高的多见于产蛋母鸭和母鹅，20 日龄以下的雏鸭则少见发病。在自然条件下，鸭瘟的传播途径主要是消化道，也可通过生殖器官、呼吸道等传染。

鸭瘟无明显的季节性，通常在春夏之际和秋季流行，其死亡率最高。在低洼潮湿的地区，能促使本病的发生和流行。在地势较高和干燥的地方，则较少发生和流行本病。鸭感染鸭瘟后的潜伏期一般为 2～4 天，出现症状后约经 1～5 天死亡。鸭群感染鸭瘟病毒后，在疫区可迅速传播、广泛流行，往往呈地方流行性或散发。自然流行时，病程长短不一，整个流行过程一般为 2～6 周，其发病率和死亡率可达 90%以上。

[主要症状]

本病的临床特征为体温升高至 42.5～44℃，食欲废绝，两腿发软无力，不愿下水游动，严重病例则完全不能行走和站立。病鸭严重下痢，排绿色或灰白色粪便。肛门周围的羽毛被粪便沾污形成结块。鸭发病初期可见鼻孔有浆液性分泌物，后期变成脓性。呼吸困难，需张口呼吸。部分病鸭流泪，头颈部肿大，俗称“大头瘟”。

［病理变化］

剖检变化主要见全身器官、组织的广泛性出血。病鸭颈部以至全身皮下组织及胸腹腔的浆膜常见淡黄色胶样浸润。肝有不规则的灰黄色坏死点，不少坏死点中间有小点出血或其外围有环状出血带。脾稍肿，部分病例有灰黄色坏死病灶。小肠的外、内表面可见环状出血带。泄殖腔黏膜出血、水肿及坏死，泄殖腔内夹有较坚硬的物质。产蛋母鸭卵巢、卵泡充血、出血和变形，常见腹膜炎，成年公鸭睾丸充血或出血。

［诊断要点］

临床剖检最具有诊断价值的是全身的浆膜、黏膜和内脏器官有不同程度的出血斑点或坏死灶，特别是肝脏的变化及消化管黏膜的出血或坏死更为典型。

目前鸭瘟的诊断方法有很多，常用的有血清中和试验、荧光抗体试验、酶联免疫吸附试验、反向间接血凝试验、聚合酶链式反应（PCR）等。其中PCR方法具有特异、快速等优点，并且可以对病原进行确诊，因而常用。由于免疫器官是鸭瘟病毒侵害的主要靶器官之一，据有关研究结果表明，PCR检出时间最早和检出率最高的组织器官为肝脏和脑组织，因而脑和肝是鸭瘟病毒病原学诊断的最佳取材部位。

［类证鉴别］

鸭瘟常与巴氏杆菌病并发。有些鸭群先发生巴氏杆菌病，然后继发鸭瘟。有些则相反。倘若这两种病同时并发或继发，死亡率更高。

与鸭霍乱（巴氏杆菌病）鉴别：鸭瘟最容易误诊为鸭霍乱。鸭霍乱的特点是发病急、病程短，流行期不长，多呈散发性。除鸭外，鹅、鸡等禽类均可发病。鸭瘟发病较为缓慢，流行期也比较长。鸭瘟不会引起鸡发病。患鸭霍乱的病鸭一般不表现头颈肿胀的症状。鸭瘟则有肿头、流泪的现象。

另外，临床剖检的病理变化也不相同。鸭瘟的内脏器官出血特别是肝脏会有不规则灰白色坏死灶，在坏死灶的中央有出血点。鸭霍乱并无此病变。鸭霍乱的肺脏常有严重的充血、出血和水肿。鸭瘟的肺脏并无明显的变化。

与鸭禽流感鉴别：主要是根据临床的剖检病变，高致病性禽流感引起鸭发病也会导致黏膜出血，包括气管黏膜、肌胃角质层黏膜、肠黏膜。但是，在实质器官腺胃和肌胃的交界处也有出血点，鸭瘟没有。另外，不会出现鸭瘟病例的肝脏及食管的特征性病变。

［防治措施］

鸭瘟是危害养鸭业发展的重要疾病之一，但是如能采取合理的饲养措施和及时正确的免疫，是能够控制的。国内研制的疫苗有弱毒苗、灭活苗。试验证明，弱毒苗的效果要好于灭活苗。另外，还可以制备卵黄抗体、抗血清来治疗。该病以预防为主，为确保免疫效果，种鸭每年应该接种 2 次，1 日龄时亦可注射疫苗，但免疫期不超过 1 个月，应注意及时加强免疫。一旦发生鸭瘟，应及时封锁疫场，妥善处理病死鸭、污染物，舍内外、场地及用具要严格消毒。同时，受威胁的鸭群和发病鸭群应实施紧急疫苗接种。抗鸭瘟高免血清或卵黄抗体对早期发病有一定的防治效果。

第二节　鸭禽流感

禽流感是由正黏病毒科、流感病毒属的 A 型流感病毒引起的一种禽类传染性疾病。长期以来，水禽特别是鸭子是流感病毒的贮存库，可自然感染所有亚型的流感病毒但不发病。但是，20 世纪 90 年代末以来，鸭、鹅等水禽不断出现感染高致病性禽流感发病死亡的病例。这表明包括家鸭在内的水禽也成为高致病性禽流感的易感宿主，禽流感病毒在家鸭中的生物学特点已发生变化。

［病原］

禽流感可分为高致病性、低致病性和非致病性禽流感三大类，高致病性禽流感被世界动物卫生组织列为 A 类传染病。根据病毒表面糖蛋白血凝素（hemagglutinin，HA）和神经氨酸酶（neuraminidase，NA）的不同，可将 A 型流感病毒分为不同亚型，目前已发现有 15 种 HA 和 9 种 NA 亚型，但高致病性禽流感常局限于 H5、H7 亚型。A 型流感病毒基因组由 8 个负股单链 RNA 片段组成，编码 10 种病毒蛋白。

现在证实，禽流感病毒能感染人，并可引起发病和死亡。

［流行病学］

各种家禽和野禽都可感染。鸭不仅带毒广泛，而且排毒时间可长达 30 天。病鸭和带毒鸭是重要的传染来源。粪便的含毒量较高，很容易污染饲料、湖泊和水塘，可通过直接接触或消化道、呼吸道、皮肤黏膜损伤和眼结膜传播。同时，人员流动与消毒不严可促进禽流感的传播。

［主要症状］

主要临诊症状为肿头、流泪，眼结膜潮红，精神沉郁，两脚发软，出现呼吸道症状，一般病鸭多出现以转圈、扭头等神经症状为特征。由于鸭的品种、年龄、并发症、流感病毒株的毒力以及外环境条件的不同，其表现的临床症状有很大的不同，最急性发病的多是雏番鸭，一般感染病毒后 10 多小时即死亡，患病种母鸭在感染后 3～5 天内出现产蛋量下降 10%～80%，软壳蛋、破蛋、小蛋数量增多。严重病例甚至绝蛋。

[病理变化]

由于禽流感病毒持续变异，同一亚型不同分离株对家鸭的毒力存在差异，目前病鸭表现的症状和病理变化与以往相比有较大差异。一般患病鸭剖检以脑膜、脑组织充血，尤其是不同部位大脑组织有大小不一，小如绿豆大、大如蚕豆大的灰白色坏死灶为特征的脑炎型病理变化。此外，心肌颜色变浅，有块状或条状、灰白色坏死灶。消化道出血病变减轻，甚至很难看到。

患病的产蛋母鸭除有上述病变，主要病变在卵巢，较大的卵泡泡膜严重充血或出血，卵泡变形、变黑、变白和皱缩。输卵管黏膜充血、出血。

[诊断要点]

在日常的饲养管理中要经常注意鸭群的变化，一旦出现可疑的症状和病变要及时向当地兽医主管部门报告，以便及时将病料送到国家指定的禽流感 P3 实验室进行确诊。

[防治措施]

疫苗接种是预防禽流感最有效的手段之一，其中特别要强调使用合理的免疫程序和免疫剂量。有条件的地区在免疫后 30 天左右抽血进行抗体水平检测，若抗体水平低则要及时补打疫苗。另外，要加强饲养管理，在整个饲养过程中环境条件和饲料要做到相对稳定，尽量避免各种不良应激；还要加强生物安全管理，在鸭场禁止饲养鸡、鹅等其他禽类，尽量避免与其他禽类及其排泄物接触。

第三节　雏鸭病毒性肝炎

鸭病毒性肝炎是由鸭肝炎病毒引起的一种雏鸭急性高度接触性传染病。主要侵害 4 周龄以内的雏鸭，特别是不足 1 周龄的雏鸭最易感染，病死率可达 90% 以上，是危害养鸭业最为严重的传染病之一。

[病原]

鸭肝炎病毒有Ⅰ型、Ⅱ型和Ⅲ型，3 个型有着明显的差异，无交叉免疫性。Ⅰ型最常见，发病率最严重，Ⅱ型、Ⅲ型在我国尚无发病的报道。Ⅰ型鸭肝炎病毒属于小 RNA 病毒科的未确定种。Ⅰ型鸭肝炎病毒呈球形或类球形，病毒基因组为不分节段的单股正链 RNA，在胞浆内增殖。Ⅰ型鸭肝炎病毒对乙醚、氯仿、甲醇等大多数有机溶剂均有较明显的抵抗作用，耐受 pH3.0 的环境，对热有一定的耐受作用，并且对常见的消毒剂也有比较明显的抵抗力。自然环境中Ⅰ型鸭肝炎病毒可存活较长时间，在阴凉处的湿粪中可存活 37 天以上，4℃可存活 2 年以上，－20℃下可存活长达 9 年。Ⅰ型鸭肝炎病毒不能凝集任何动物的红细胞，可在鸭胚、鸡胚和鹅胚的绒毛尿囊膜腔内增殖，感染鸡胚的配体含病毒量最多，而尿囊液含毒量最少。经试验证明Ⅰ型鸭肝炎病毒的鸡胚适应毒能在鸡胚成纤维细胞上生长，且可以产生明显的细胞病变。

[流行病学]

本病主要发生在 3～20 日龄的雏鸭，4 周龄以上的鸭很少发病，通过消化道和呼吸道感染。成年鸭是带毒者，不发病。死亡率差异很大，死亡主要发生在 10 日龄内的雏鸭。最早发病的是 3 日龄雏鸭。近年来发现在我国存在Ⅰ型鸭肝炎病毒的变异毒株，可使 7 日龄雏鸭开始发病，至 15～20 日龄时达高峰。该病没有严格的季节性，但在冬、春季节暴发较多，死亡率往往也较高。

本病主要是通过消化道传染。发病鸭可通过粪便排毒，被病毒污染的食槽、饮水器及饲料等，可造成水平传播。另有资料表明，鸭舍中的鼠类可作为Ⅰ型鸭肝炎病毒的贮存宿主，在其体内可存活 35 天，感染病毒后 18～22 天即可排毒。

[主要症状]

主要是突然发病，且死亡几乎都发生在 3～4 天内。病初症状是跟不上群，不久即停止活动，侧身卧地，头扭向背部，呈角弓反张之状，双足作痉挛性抽动，雏鸭在出现症状后约 1 小时便发生死亡。由于患鸭死前发生痉挛，头向背部后仰，呈"角弓反张"，俗称"背脖病"。

[病理变化]

主要病变在肝脏，肝极度肿大，边缘较钝，质地较脆，颜色变淡，表面有出血点或出血斑。胆囊肿大，充满胆汁，胆汁呈褐色或淡绿色，有的病例肾肿大。

[诊断要点]

临床诊断主要根据小鸭发病的日龄，通常是 3 周龄以内的小鸭发病，结合临床表现和剖检病理变化，作出初步的诊断。

最终的确诊要结合实验室诊断。目前，实验室诊断的方法可以通过采集病变典型的肝脏或脑处理后，提取组织的基因组，用 PCR 方法进行鸭肝炎病毒的病原检测。同时，用鸭胚接种、分离病毒，并通过易感雏鸭进行病例的复制，如能复制出自然病例相同的病变，即可确诊。

[类证鉴别]

对Ⅰ型鸭病毒性肝炎的诊断主要依靠流行病学资料、临床症状、病理变化及病毒的分离和鉴定。

鸭病毒性肝炎：一般发生于 3 周龄以下的雏鸭，4 周龄以上的雏鸭未见到发病的报道。病变特征是肝脏极度肿大，外表有斑纹（因各种不同程度的出血所造成）。

鸭瘟：主要发生于成年鸭，2 周龄内的幼鸭一般少见。病变特征是黏膜和浆膜出血。食道、泄殖腔覆盖一层假膜。

禽霍乱：各种年龄的鸭均能发生，常呈败血经过，缺乏神经症状。

注意与地方流行性肌肉营养障碍相区别。

［防治措施］

除搞好一般性生物安全措施外，主要依赖特异性免疫预防和防治。在疫区可用商品鸭肝炎弱毒苗或以本地鸭肝炎病毒制备的灭活苗直接给 1 日龄雏鸭预防接种，方法是肌内注射、足蹼皮下刺种等，接种后 3 天内可产生抵抗力。免疫种鸭的方法是在开产前 2～4 周每只鸭肌内注射 1 羽份，14 天后加强免疫接种 1 次（每只鸭肌内注射 1 羽份），这样母鸭所产的蛋中就含有较高的母源抗体，其所孵出的雏鸭可因此获得被动免疫，其免疫力能维持 3～4 周。一旦发生本病，可在发病初期及时使用康复鸭血清、高免鸭血清及免疫种鸭的卵黄抗体治疗，配合多维和中草药制剂进行治疗，这也是控制本病流行的有效措施。

第四节　鸭细小病毒病

鸭细小病毒病是由鸭细小病毒引起，又叫雏鸭细小病毒感染、雏鸭“三周病”，是雏番鸭细小病毒引起的一种急性、败血性传染病，其特点是具有高度传染性和死亡率。

［病原］

雏番鸭细小病毒为细小病毒科细小病毒属成员，核酸为单股线状 DNA，病毒无血凝特性。病毒目前只有一个血清型。以尿囊腔途径接种 11～13 日龄番鸭胚、11～12 日龄麻鸭胚、12～13 日龄鹅胚能够感染并一定程度致死胚体。不感染鸡胚。能适应番鸭胚成纤维细胞、番鸭胚肾细胞生长并形成细胞病变。病毒对鸡、番鸭、麻鸭、鸽、猪等动物红细胞均无凝集作用，能抵抗乙醚、胰蛋白酶、酸和热，但对紫外线辐射敏感。

［流行病学］

本病发生无性别差异，但与日龄有密切的负相关性。一般从 4～5 日龄初见发病，10 日龄左右达到高峰，以后逐日减少，20 日龄以后表现为零星发病。近年来雏鸭发病日龄有延迟的趋势，即 30 日龄以上的番鸭也有发病，但死亡率较低，往往形成僵鸭。除番鸭外，实验室和自然条件下均未见其他幼龄水禽易感。

本病主要经消化道而感染，孵化场和带毒鸭是主要传染源。成年番鸭感染病毒后不表现任何症状，但能随分泌物、排泄物排出大量病毒，成为重要传染来源，带病毒的种蛋污染孵化场，随着工作人员的流动、工具污染等因素造成大面积传播。

本病的发生一般无明显季节性，特别是我国南部地区，常年平均温度较高，湿度较大，易发生本病。散养的雏番鸭全年均可发病，但集约化养殖场本病主要发生于9月份至次年3月份，原因是这段时间气温相对较低，育雏室内门窗紧闭，空气流通不畅，污染较为严重，发病率和死亡率均较高；而在夏季，通风较好，发病率一般为20%～30%。

[主要症状]

本病的潜伏期为4～9天，病程2～7天，病程长短与发病日龄密切相关。根据病程长短可分为急性和亚急性两种类型。

1. 急性型　主要见于7～14日龄雏番鸭，主要表现为精神沉郁，全身羽毛松乱。两腿无力，懒于走动，常蹲伏或离群。有不同程度腹泻，排黄绿色、灰白色或白色稀粪，甚至如水样，肛周羽毛污秽。部分患雏流泪，鼻孔有浆液性分泌物。随着病程的发展，出现呼吸困难、张口伸颈。病程一般2～4天，临死前两肢麻痹、倒地衰竭、死亡。有些病愈鸭大多生长发育不良，成为僵鸭。

2. 亚急性型　多见于发病日龄较大的雏鸭，多数是由急性型转化而来。患鸭精神委顿，两脚无力，常蹲伏，行走缓慢，排黄绿色或灰白色稀粪，肛周羽毛污秽不堪。亚急性病例由于雏番鸭日龄增大，对本病的易感性降低，死亡率较低。但是病愈的雏番鸭发育不良，颈、尾部羽毛脱落。幸存者多成僵鸭。

[病理变化]

死番鸭表现为喙发绀，鼻、喉、气管有黏液，肝肿大，质变硬，少数病例有腹水。其特征性的病变在消化道，大、小肠有卡他性炎症和出血点，一侧或两侧盲肠有香肠状栓塞物，呈灰白色或灰黄色，剖开可见中心为干燥的肠内容物，外面是坏死脱落的肠黏膜组织和纤维素性渗出物。有些病例可见胰脏有针尖大小、灰白色坏死灶。

[诊断要点]

根据特征的流行病学、临床症状及病理变化特点可作出初步诊断，但确诊尚需作实验室诊断，特别是在初次发生地区。林世棠等（1992）建立了检测雏番鸭细小病毒抗体的微量碘凝集试验。该法特异性强，敏感性高，所用血清量少、简便、快速，在室温下1分钟内能显示结果，重复性好，实用可行。其他血清学方法有酶联免疫吸附试验（ELISA）、琼脂凝胶扩散试验（AGP）、乳胶凝集试验（LA）、中和试验（NT）等。

本病的病毒分离主要取濒死期雏番鸭的肝、脾、胰腺等组织，以Hank's溶液研磨成20%悬液，除菌，低温冻融2次，2 000转/分，离心20分钟，取上清液，尿囊腔接种 11～13 日龄番鸭胚，每胚 0.1 毫升，37℃孵育，观察到第 10 天，一般初次分离时胚胎死亡时间为 3～7 天。随着传代代数的增加，胚胎死亡时间稳定在 3～5 天。死胚绒毛尿囊膜增厚，胚胎充血，翅、趾、胸背和头部均有出血点。收集鸭胚尿囊液作 PCR 检测。

［防治措施］

各种抗生素和磺胺类药物对番鸭细小病毒病均无治疗及预防作用，治疗可用高免血清和高免卵黄抗体。在番鸭细小病毒病流行区域，或已被番鸭细小病毒污染的孵炕，雏番鸭出炕后立即皮下注射高免血清或卵黄抗体，其效价必须在1∶8以上。雏番鸭出炕后 24 小时内，每只皮下注射 0.5 毫升，其保护率可达 95%左右；对已感染发病的雏鸭群的同群番鸭，每只皮下注射 1.0 毫升，保护率可达 80%左右；对已感染发病早期的雏番鸭，每只皮下注射 1.5 毫升抗雏番鸭细小病毒高免血清或高免蛋黄液，必要时可重复注射一次，治愈率可达 50%左右。同源抗血清可作预防和治疗用，而异源抗血清不宜作预防用，仅对发病雏番鸭作紧急治疗。

抗血清的制造可利用待宰商品番鸭或淘汰种番鸭群。对健康无病的商品番鸭群作基础免疫，种毒为鹅胚化或番鸭胚化种番鸭弱毒疫苗，作 1∶100 稀释，每只番鸭皮下或肌内注射 1 毫升；高度免疫，在基础免疫后 7～10 天或 21 天后用鹅胚化或番鸭胚化种番鸭弱毒疫苗，或鹅胚或番鸭胚毒株，每只番鸭皮下或肌内注射 0.5～1.0 毫升，10～15 天内扑杀分离血清，加入适量青霉素和链霉素，经无菌检验、安全检验、效价检验合格者冻结保存至少 2 年有效。如应用已免疫过的淘汰种番鸭群，在离淘汰前 15 天内再进行一次高度免疫即可，剂量与前者相同。高免血清和卵黄抗体也可制成二联抗体（即番鸭细小病毒和鹅细小病毒二联抗体，或番鸭细小病毒和雏鸭肝炎病毒二联抗体）、三联抗体（即番鸭细小病毒、鹅细小病毒和雏鸭肝炎病毒三联抗体）。

第五节　雏番鸭的鹅细小病毒感染（小鹅瘟）

雏番鸭的鹅细小病毒感染，又称为雏番鸭小鹅瘟，是由鹅细小病毒引起的一种雏番鸭急性、亚急性高度接触性传染病。主要感染雏番鸭，往往与雏番鸭细小病毒病（三周病）混合感染，是危害养鸭业较为严重的传染病之一。

［病原］

雏番鸭的鹅细小病毒病的病原体属细小病毒科、细小病毒属、鹅细小病毒。我国兽医微生物学家方定一教授于 1956 年首次发现本病并分离到病毒。本病毒只有一个血清型，其核酸型是单股 DNA。本病毒在－25～－15℃的低温冰箱中能存活9年以上，在56℃经3小时尚能存活，仍可使鹅胚致死。在中性生理盐水中，不凝集鸡、鹅、鸭、兔、绵羊、小鼠和豚鼠的红细胞。该病毒存在于病雏鸭的肠内容物、肝、脾、脑及其他组织中。病毒能在12～14日龄的鹅胚（或番鸭胚）的绒尿膜上或尿囊腔中生长繁殖，鹅胚在96～144小时死亡。

[流行病学]

本病多发生于冬、春季节，在自然条件下只感染雏番鸭和雏鹅，传播迅速。5～25日龄雏番鸭多发生本病，随着日龄的增长，易感性降低。1个月以上的番鸭也有发病，成年番鸭虽不发病，但可成为带毒者。本病的传染源主要是患病的雏番鸭，经消化道传染。

20日龄内的雏番鹏发病时的死亡率可高达95%，发病日龄越小，发病率和死亡率越高；20日龄以上的雏番鸭发病时，死亡率一般不超过60%。

[主要症状]

根据病程的长短，本病可分为最急性型、急性型和亚急性型三种病型。

1. 最急性型　多见于1周以内的雏番鸭。患病雏番鸭常见不到任何明显的症状而突然发病死亡。有些病例仅在死亡前表现精神呆滞，经数小时后即出现神经症状，两脚前后摆动，衰竭倒地，不久死亡。

2. 急性型　常见于15日龄左右的雏番鸭。患病雏番鸭临诊症状是精神沉郁，食欲减少或废绝，严重下痢。呼吸困难和死亡率高，有时出现神经症状。喙端发绀和脚蹼色泽变暗。

3. 亚急性型　本型多发生于本病流行的后期和25～30日龄的雏番鸭。精神委顿，体况消瘦，行动迟缓，站立不稳，食欲不振或拒食，腹泻。

[病理变化]

1. 最急性型　小肠前段黏膜肿胀、充血和出血，在黏膜表面覆盖着大量浓厚、淡黄色黏液，呈现急性卡他性出血性炎症。

2. 急性型　在小肠的中、下段，特别是靠近卵黄囊柄的肠管膨大，质地坚实如“腊肠状”。

3. 亚急性型　病变的主要特征是肠管黏膜发生浮膜性纤维素性肠炎。在小肠中段和后段肠腔常形成“腊肠状”的栓子，堵塞肠腔。

[诊断要点]

1. 病料的采取及处理　取患病死亡或临死病例的肝、脾、肾和脑等脏器，充分研磨，用灭菌生理盐水或PBS液或Hank's液作1：5～10稀释，经3 000转/分离心30分钟，取上清液加入青霉素和链霉素，每毫升上清液各含1 000单位。经细菌检验，若无菌生长，则置冰箱冻结保存，作为病毒分离的接种材料。

2. 病毒分离　选用无母源抗体的12日龄鹅胚或番鸭胚，每只胚绒尿囊腔接种上述材料0.2毫升，置37℃温箱孵育，每天照蛋一次（孵育72小时后，每天照蛋3次），取48～72小时后死亡胚放置4～8℃冰箱冷藏后，吸取胚液并作无菌检验，观察胚胎的病变，死亡胚胎的头、颈、下颌、背及脚等部位的皮肤充血或出血，头部皮下及两肋皮下水肿，尤以下颌部出血和水肿最为严重。

用鹅胚初次分离本病毒时，必须来自未经小鹅瘟疫苗免疫或非疫区的母鹅所产的种蛋，否则病毒难以繁殖，不易使鹅胚致死。

3. 血清学诊断 可用中和试验、琼脂扩散试验和ELISA等方法。如以确诊本病为目的，可进行保护试验。即取5～10只5日龄左右的易感雏鹅或雏番鸭，每只皮下注射1.5～2毫升抗小鹅瘟血清，经6小时后再注射待检的含毒尿囊液（1∶10）0.1毫升/只。如果试验组80%以上得到保护，对照组于2～5天内80%以上发病死亡，则可以确诊为小鹅瘟。

4. 回归试验 取上述病料的上清液和死胚的含毒尿囊液（1∶10稀释），各接种于5～10日龄的易感雏番鸭，每只皮下注射或口服0.2毫升。另设不接毒组，只注射灭菌生理盐水或正常胚液。观察10天，可见接毒组的雏番鸭出现死亡，症状及病变与自然病例相同，在死鸭体内又可以分离到相同的病毒，即可确诊。

［类证鉴别］

1. 本病应与雏番鸭（三周病）细小病毒病鉴别 雏番鸭对番鸭细小病毒和鹅细小病毒都具有易感性，两种病的流行病学、临诊症状及病变极为相似，但患鹅细小病毒病的雏番鸭，胰腺无白色坏死点。而雏番鸭细小病毒不能使雏鹅致病。除用中和试验外，还可以用易感雏鹅和雏番鸭作感染试验，挑选5～10只5日龄的易感雏鹅和5～10只5日龄易感雏番鸭，分别注射被检的胚液毒。如果雏鹅和雏番鸭全部或大部分发病死亡，并具有小鹅瘟特征性病变，则被检样品含有小鹅瘟病毒（鹅细小病毒）；若仅引起雏番鸭发病死亡，而雏鹅健活，则被检的样品只含有雏番鸭细小病毒。这种试验方法可作为鹅细小病毒和雏番鸭细小病毒的鉴别诊断方法。

2. 与番鸭球虫病的鉴别 番鸭球虫病多发生于20～25日龄番鸭，主要表现为肠道黏膜炎症。其病变特点是小肠中后段出现卡他性、出血性肠炎，肠黏膜肿胀，有一定数量针尖大小的出血点，黏膜表面常覆盖一层红色胶冻状黏液，排出带有黏液的血便。小鹅瘟没有这种变化。

［防治措施］

1. 预防

（1）加强饲养管理和清洁卫生 由于本病的发生和流行在很大程度上是通过孵化间传播，以及出壳之后的早期感染，必须搞好孵化间及育雏舍的清洁卫生，加强消毒工作，降低饲养密度，在饲料中加入多种微量元素及维生素，提高雏番鸭抗病能力。尽量避免从疫区引进种番鸭和雏番鸭。

(2) *主动免疫* 种番鸭的主动免疫：种番鸭感染鹅细小病毒之后虽然不发病，但应对种番鸭群定期接种鹅细小病毒鸭胚化弱毒疫苗，使雏鸭获得有效的天然被动免疫力。

种番鸭在产蛋前15～20天，按疫苗标签上的使用头份，稀释成每羽份0.5毫升，每只种番鸭肌内注射小鹅瘟鸭胚化弱毒疫苗1毫升，免疫15～20天后的6个月内所产的蛋孵出的鸭苗可留作种用。因为这种蛋孵出的雏番鸭可以获得天然被动免疫力，能抵抗小鹅瘟强毒的攻击。6个月后应再次进行免疫。

为保证出壳雏番鸭不受小鹅瘟病毒的感染，孵房及孵化器在使用前应用福尔马林熏蒸消毒，每立方米体积用14毫升福尔马林、7克高锰酸钾和2毫升水，混合后封闭熏蒸消毒24小时。种蛋先用0.1%新洁尔灭溶液或用50%百毒杀（作1∶3 000稀释）溶液洗涤并消毒。入孵当天，再用福尔马林熏蒸消毒半小时。

雏番鸭的主动免疫：未经免疫的种番鸭群或种番鸭免疫后4～6个月以上所产的蛋孵出的雏番鸭群，在出壳后24小时内，用小鹅瘟弱毒疫苗或雏番鸭细小病毒与鹅细小病毒（小鹅瘟）二联弱毒疫苗（按标签羽份）进行免疫，免疫后7天内严格隔离饲养，以防强毒感染。

(3) *被动免疫* 在本病的流行地区或已被本病的病毒污染的孵房或炕坊，雏番鸭出壳之后立即皮下注射抗小鹅瘟高免血清或抗小鹅瘟超高免蛋黄液，可预防和控制疫情发展。

2. 治疗 各种抗生素和磺胺类药物对本病均无治疗和预防作用。鹅瘟流行面广，养鸭户从市场购买的番鸭苗来自四面八方，很难掌握其母源抗体水平。因此，在购回雏番鸭的第一时间，立即注射抗小鹅瘟高免血清或超高免蛋黄液，每只胸部皮下注射1毫升，20～25日龄时再注射2毫升。

对已感染小鹅瘟强毒的雏番鸭群，当早期出现少数死亡病例、部分患雏出现症状、食料减少时，每只雏番鸭立即皮下注射抗小鹅瘟高免血清1.5～2毫升，其保护率可高达80%～85%。如果在抗血清中加入干扰素，效果更好。抗小鹅瘟超高免蛋黄液也有一定的预防和治疗效果，雏番鸭出壳后或在发病早期，每只皮下注射1～1.5毫升。若隔7～10天时再注射2～2.5毫升，效果则更好。

第六节 番鸭呼肠孤病毒性坏死性肝炎（花肝病）

番鸭呼肠孤病毒性坏死性肝炎是由番鸭呼肠孤病毒感染引起的一种烈性、高发病率和高死亡率的传染病。病变特征是肝脏表面和实质有弥漫性、大小不一、灰白色坏死灶，故又称为“花肝病”。

［病原］

番鸭呼肠孤病毒为呼肠孤病毒科、正呼肠孤病毒属、番鸭呼肠孤病毒。本病毒粒子呈球形，病毒核酸为RNA。病毒感染敏感细胞出现胞浆内近核包涵体及细胞融合现象，对氯仿处理敏感或轻度敏感，对乙醚处理不敏感，不能凝集鸡、鸭、家兔和绵羊红细胞，可在番鸭胚中复制并使其致死。

［流行病学］

从1997年初至今，本病在广东、福建、浙江、广西等省区的番鸭饲养地区流行。易感动物目前仅见于雏番鸭及雏半番鸭，其他品种的鸭未见感染发病。发病日龄为7～45日龄，以2周龄内的雏番鸭多发。病程一般为2～6天。本病自然感染的潜伏期为5～9天。

目前主要见于番鸭和鹅，夏季多发，发病日龄多为4～45日龄，发病率达20%～90%，死亡率差异很大，一般为10%～80%。由于该病死亡率高，耐过的病鸭多成为僵鸭，严重危害番鸭养殖业的健康发展。

［主要症状］

患雏在发病早期表现精神委靡，食欲减少以至废绝，绒毛松乱，无光泽。怕冷，喜欢挤成一堆，导致弱雏被压死。患病鸭常出现腹泻，排出白色或浅绿色带有黏液的稀粪，从而呈现脱水现象。

［病理变化］

患病死亡的病例，肝脏具有特征性的病理变化，肝脏肿大或稍肿大，呈淡褐红色、质脆，其表面和实质呈现有弥漫性、大小不一的灰白色坏死点。此外，脾脏、胰脏和肾脏都有不同程度的灰白色坏死。病程较长的病例常见不同程度的心包炎，肺充血或淤血、水肿，脑部也有水肿，脑膜有点状或斑块状出血。

［诊断要点］

通过该病的流行病学、典型的剖检变化和临床症状，可以初步作出诊断，结合实验室病毒分离及动物回归试验确诊。

［防治措施］

除加强饲养管理，千方百计提高雏番鸭的抗病能力和免疫力以外，还要做好雏番鸭的免疫接种工作，能有效地预防本病的发生和流行。种番鸭经过免疫后所产的蛋孵出的雏番鸭，应在10日龄前后接种预防本病的灭活苗或弱毒疫苗进行免疫；未经免疫的种番鸭所产的蛋孵出的雏番鸭应在5日龄内用灭活苗或弱毒疫苗进行免疫。在流行该病的地区，可在出壳后1～2天内用本病的高免蛋黄液进行皮下注射。在该病发生的初期也可尽快注射高免蛋黄液，可有效治疗继发感染，同时在饲料中应增加多维和氨基酸的含量，以增强雏番鸭的抗病力和组织修补能力。

第七节　鸭疱疹病毒性坏死性肝炎（白点病）

鸭疱疹病毒性坏死性肝炎是鸭疱疹病毒Ⅲ型引起鸭发生烈性、高度发病率和高死亡率的传染病。特征性的病变是患病鸭的肝脏出现数量不等的灰白色坏死病灶，故称为“白点病”，是危害养鸭业严重的传染病之一。

［病原］

该病毒为疱疹病毒科成员，但与鸭瘟疱疹病毒Ⅰ型、鸭疱疹病毒Ⅱ型无血清学相关性，故暂定名为鸭疱疹病毒Ⅲ型。关于该病毒与鸭瘟病毒、鸭疱疹病毒Ⅱ型在分子水平上的差异，尚未见报道。该病毒的核酸为双股 DNA，病毒粒子呈球形或卵圆形，有囊膜，其大小为 80～230 纳米。

可使北京鸭胚、樱桃谷鸭胚、麻鸭胚、半番鸭胚和 SPF 鸡胚致死。该病毒不凝集鸡、鸭（包括番鸭、半番鸭、麻鸭、北京鸭）和绵羊的红细胞。

本病的病毒存在于患病死亡鸭的肝脏、脾脏和脑组织中。

［流行病学］

本病多流行于福建、浙江及广东等地。本病的发生无明显的季节性，一年四季均可发生。番鸭、半番鸭和麻鸭均易感染发病和死亡。但易感性最强的是番鸭，死亡率最高。本病多发生于 8～90 日龄鸭只，番鸭以 10～32 日龄多发，半番鸭多发生于 50～75 日龄，麻鸭多在产蛋前后发病。麻鸭尤其是开产的成年麻鸭，主要表现为产蛋下降。

8～25 日龄雏番鸭的发病率可高达 100%，死亡率达 95%以上；50 日龄以上番鸭，发病率 80%～100%，死亡率 60%～90%；半番鸭的发病率 20%～35%，死亡率 60%。

［主要症状］

其临诊症状表现为精神沉郁、食欲减退以至废绝、严重腹泻、软脚、摇头或出现扭颈或转圈等神经症状。

［病理变化］

肝肿大、质脆、表面及切面可见大量大小不等、灰白色的坏死灶。脾脏、胰腺肿大，表面和切面均可见灰白色坏死灶。肠浆膜表面可见白色坏死灶，肠管可见有出血点或有出血环。肾肿大，有些病例可见到白色坏死灶。肺淤血、出血。

［诊断要点］

1. 病料的采集和处理　将病死鸭的肝脏和脾脏混合研磨，用灭菌生理盐水或PBS液制成20%的悬浮液，反复冻融3次，离心沉淀取上清液，在条件允许的情况下，可用450纳米滤膜抽滤。经检验后，将无菌的滤液冻存。

2. 病毒分离 取上述样品接种10日龄番鸭胚，每只于尿囊腔接种0.2毫升，于第7天收获接种24小时后死亡的番鸭胚液，并传代到能100%致死番鸭胚为止。死亡的番鸭胚表现为胚体皮肤出血、水肿，尤以躯干部明显，肝脏肿大、出血，绒毛尿囊膜水肿、增厚和出血。

3. 回归试验 将番鸭胚的传代毒1∶10稀释，接种10只14日龄的健康番鸭作试验组，每只肌内注射0.2毫升。10只作为对照组，每只肌内注射灭菌生理盐水0.2毫升。观察15天，试验组于攻毒后3～8天内死亡（死亡率最高可达100%），其病理变化与自然死亡鸭只的病鸡相同，并能再从死亡鸭体分离出疱疹病毒Ⅲ型而对照组全部健活，即可作出诊断。

4. 血清学诊断 首先用中和试验排除鸭疱疹病毒Ⅰ型和Ⅱ型，然后进行保护试验：用本病毒制成的高免血清，注射5只10日龄的雏鸭，每只皮下注射0.5毫升，另5只雏鸭注射0.5毫升灭菌生理盐水作对照，隔6～12小时，10只雏鸭同时用分离的强毒攻击，每只皮下注射1∶1稀释液0.1毫升，观察10天。血清组健活，而对照组全部发病死亡，并与自然病例有相同的病变，即可确诊。

[类证鉴别]

1. 与鸭巴氏杆菌病的鉴别 鸭巴氏杆菌病（鸭霍乱）的特征是肝脏表面有针尖大小、数量不等、灰白色、边缘整齐、稍突出肝被膜表面的坏死点，心冠沟脂肪及心外膜有出血点或出血斑，肠黏膜严重出血，严重病例还出现腹部脂肪、肌胃表面的脂肪出血。而“白点病”分布于肝脏的坏死点大小不一。鸭霍乱用抗生素治疗有效，而“白点病”用抗生素治疗无效。

2. 与雏番鸭呼肠孤病毒性坏死性肝炎（雏番鸭“花肝病”）**的鉴别** 雏番鸭“花肝病”的主要病变虽然在肝脏、脾脏、胰腺、肾脏及肠道黏膜出现白色坏死点，但无肠道黏膜出血环病变。

[防治措施]

1. 预防

（1）鸭场除了做好一般的生物安全措施之外，应及时进行鸭禽流感、鸭巴氏杆菌病、细小病毒病及鸭呼肠孤病毒性坏死性肝炎（花肝病）的免疫接种工作。

（2）加强饲养管理，特别10天内的雏鸭，饲料应有足够的维生素、微量元素及蛋白质，以提高机体的抗病力。

（3）及时接种本病的油乳剂灭活苗、灭活蜂胶疫苗和弱毒疫苗。

①种鸭的免疫：在产蛋前2周用油乳剂灭活苗进行免疫，在免疫后2～4个月再加强免疫。

②雏鸭的免疫：若是母鸭的免疫后代，可在2周时用组织灭活疫苗、灭活蜂胶疫苗或弱毒疫苗进行免疫。若是未经免疫的种鸭后代，可在4日龄前用组织灭活苗、灭活蜂胶疫苗或弱毒疫苗进行免疫，然后于30日龄左右再用油乳剂灭活苗免疫一次。若是留种的后备鸭，应按种鸭的免疫程序进行免疫。

在疫病广泛流行、发病严重的地区，1日龄的雏鸭可先注射抗本病的高免蛋黄液，于7～10日龄再注射油乳剂灭活苗。

2. 治疗　已患病的鸭群，可应用抗本病的高免血清或高免蛋黄液，每只肌内注射1毫升或3～4毫升。为了防止细菌性的并发症，可在高免血清或高免蛋黄液中加入丁胺卡那霉素（按每千克体重用2.5万～3万国际单位）或硫酸新霉素（按每千克体重用15～30毫克）。

第八节　鸭病毒性肿头出血症

本病是由鸭病毒性肿头出血症病毒引起鸭的一种急性败血性传染病。临床上以鸭头肿胀，眼结膜充血、出血，全身皮肤广泛出血，肝脏肿大呈土黄色并伴有出血斑点，体温43℃以上，排草绿色稀粪等为特征。

［病原］

鸭病毒性肿头出血病毒初步认为是一种呼肠孤病毒。与番鸭呼肠孤病毒性坏死性肝炎属于同一病毒。

［流行病学］

该病在我国于1998年首先在四川发现，目前四川省几乎所有养鸭地区、贵州省、重庆市和云南省部分养鸭地区均有本病发生和流行。各种日龄、各品种的鸭均可感染发病。该病无明显的发病季节，但一般秋、冬季节发病较多，夏季相对较少。

［主要症状］

自然感染潜伏期为4～6天。病鸭初期精神委顿，不愿活动，随着病程发展而卧地不起，被毛凌乱无光并沾满污物，绝食，大量饮水，腹泻，排出草绿色稀便，呼吸困难，眼睑充血、出血并严重肿胀，眼、鼻流出浆液性或出血性分泌物，所有病鸭头部明显肿胀，体温升高达43℃以上，后期体温下降，迅速死亡。

［病理变化］

头部皮下充满淡黄色透明浆液性渗出液，全身皮肤广泛出血，消化道和呼吸道出血。心脏内膜及心肌层中有出血灶。肝脏肿大、质脆、呈土黄色并伴有出血斑点。肾脏肿大、出血。肠浆膜面有出血点，十二指肠黏膜上皮完全脱落。产蛋鸭卵巢严重充血、出血。

［诊断要点］

通过该病的流行病学、典型的剖检变化和临床症状可以初步作出诊断，结合实验室病毒分离及动物回归试验进行确诊。

［类证鉴别］

1. 与鸭病毒性肝炎的鉴别 鸭病毒性肝炎主要侵害3周龄以下的雏鸭。病理变化是以肝脏土黄色肿大、变脆并有出血斑点为特征，没有肿头和全身皮肤广泛性出血。而本病的病鸭眼结膜充血、出血，眼鼻有出血性分泌物。

2. 与鸭瘟的鉴别 在实际生产中，本病常与鸭瘟混合感染。若仅感染鸭瘟，患鸭的肿头现象一般仅占发病数的30%左右，消化道黏膜出血尤其是泄殖腔黏膜坏死，肝脏有灰白色坏死灶，在其中央有一出血点或是坏死灶边缘有出血环。鸭病毒性肿头出血症的肿头现象几乎达到100%，没有鸭瘟的消化道黏膜出血及肝脏那样的典型病变。而两病混合感染的必然可见患鸭100%出现肿头，全身皮肤广泛性出血，还有鸭瘟特有的病变。

［防治措施］

加强饲养管理，提高抗病能力和免疫力。当鸭群发生疫情时，各种抗生素无治疗效果。可用兔抗超免血清或康复鸭血清进行紧急预防注射，可控制疾病的进一步发展，此时用抗生素配合治疗，可起到控制细菌继发感染。平时要加强饲养管理和严格执行兽医卫生制度，做好环境消毒。该病流行地区用鸭病毒性肿头出血症油剂灭活苗预防，1月龄以下雏鸭0.25毫升，1月龄以上鸭0.5毫升，皮下注射。

第九节 鸭副黏病毒病

鸭副黏病毒病是由鸭副黏病毒引起的一种急性、高度接触性传染病。

［病原］

鸭副黏病毒属于副黏病毒科，副黏病毒亚科，腮腺炎病毒属，禽Ⅰ型副黏病毒中的一员。鸭副黏病毒为单股RNA病毒，抵抗力较弱，在日光、干燥的环境中易于死亡，尿囊液中的病毒于冻结条件下可存活1年以上，但在低温、阴湿条件下生存较久。2%的氢氧化钠、1%来苏儿、3%的石炭酸、1%～2%的甲醛溶液等常规消毒药数分钟内均可将其灭活。该病毒有结合红细胞的表面受体，因此可以凝集禽类、两栖类和某些哺乳动物的红细胞。

［流行病学］

近年来，我国发生的鸭源副黏病毒病在流行病学和病理学方面不同于任何一种已知鸭的传染病，这是副黏病毒对鸭具有致病性的一个新发现，也是对养禽业的又一个新威胁。

鸭副黏病毒病以水平传播为主，主要侵害消化道和呼吸道。不同日龄的鸭均易感，日龄越小，发病率、死亡率越高。15 日龄以内的雏鸭发病率和死亡率最高，高达 100%。

[主要症状]

该病主要是无症状性感染，很少引起重病，但少部分鸭表现食欲减少，羽毛松乱，饮水增加，缩颈，两腿无力，孤立一旁或瘫痪；羽毛缺乏油脂，易附着污物；开始排白色稀粪，中期粪便转红色，后期呈绿色或黑色；部分病鸭呼吸困难，甩头，口中有黏液蓄积；偶尔出现转圈或向后仰等神经症状。各日龄的鸭均可感染，蛋鸭群感染应引起重视，因为可导致产蛋率迅速下降。

[病理变化]

主要的病变特征是消化系统和呼吸系统器官的黏膜充血、出血、坏死、溃疡或呈现弥漫性点状出血，其中以胰腺的被膜和气管环、十二指肠及泄殖腔黏膜的出血最为明显。

[诊断要点]

病毒分离是诊断鸭副黏病毒病最为确切的一种方法。最常规的方法是将病料接种鸡胚，一般培养 36～96 小时鸡胚发生死亡，收集清亮的尿囊液，内含大量病毒粒子，呈现较高的血凝性，结合相应的血凝和血凝抑制试验等方法进行检测。随着分子生物学技术的快速发展，RT-PCR 检测方法能快速、准确对鸭副黏病毒病进行全方位的诊断，并且可以直接对感染组织和含毒尿囊液进行检测，能在数小时内鉴定病毒。

[防治措施]

鸭副黏病毒病是近几年新发现的病毒性传染病，最初由于不被人们所认识，对鸭群并不进行副黏病毒病的防治，使得该病不能及时控制和扑灭。目前，疫苗接种是预防和控制该病发生的主要手段和途径。在本病的高发地区，蛋鸭应采取两次疫苗接种，1 周龄左右用新城疫弱毒活疫苗接种，开产前用灭活油乳剂疫苗接种。

第十节　鸭腺病毒感染（鸭减蛋综合征）

鸭腺病毒感染又称鸭减蛋综合征，是由鸭腺病毒引起的能使蛋鸭产薄壳或无壳蛋、产蛋率严重下降的一种传染病。

[病原]

腺病毒属腺病毒科，共分为 4 个属，即哺乳动物腺病毒属、禽腺病毒属、腺胸腺病毒属和唾液腺病毒属，并将鸭腺病毒A型（EDSV）归为腺胸腺病毒属。本病毒在56℃可存活3小时，在60℃丧失致病力，在70℃完全丧失活力，在室温条件下，至少可存活6个月以上。对化学药物的抵抗力不强，0.3%甲醛24小时、0.1%甲醛48小时，可使病毒完全灭活。

［流行病学］

鸭减蛋综合征主要发生在冬、春季节，各品种的产蛋期母鸭都有发生。通常都是由腺病毒与其他一些病原因素和营养缺乏因素（如蛋氨酸、精氨酸、维生素E、维生素A缺乏等）引起的，主要发生于产蛋鸭群。其传染途径既可经蛋垂直传播，也可通过呼吸道、消化道水平传播。病毒主要侵害生殖系统，经繁殖、喉头和排粪时排毒。

［主要症状］

群发性食欲下降，产蛋下降，并伴有呼吸道症状，鸭群中有15%～70%不产蛋，导致产蛋率急剧下降，严重的从95%下降至30%。产蛋异常也是该病的重要特征，如产软壳蛋、粗壳蛋、浅色蛋、薄壳蛋和畸形蛋等，或者群鸭表现无产蛋高峰及持续低产蛋率，但病鸭病死率很低。

［病理变化］

主要病变是卵巢停止发育和输卵管萎缩。

［诊断要点］

由于本病毒含有红细胞凝集素，能凝集鸡、鸭、鹅的红细胞，当有特异性抗体存在时，这种血凝作用可被抑制。因此，最常用的血清学诊断方法是红细胞凝集抑制试验。如若进行病毒分离，则需要9～10日龄鸭胚。首次发病鸭群15天内可以从白细胞层分离到病毒。在症状明显期间，可从呼吸道、粪便和输卵管中取样。

［防治措施］

本病尚无特效的治疗药物，在饲粮中增加维生素、鱼肝油和矿物质，以利于产蛋的恢复。该病重点在于预防，在开产前接种鸭减蛋综合征疫苗可有效防制本病。

1. 做好免疫接种工作 对种鸭群，从幼龄期起，坚持用“鸭产蛋下降综合征油乳剂灭活疫苗”实施合理的免疫接种程序：于15～20日龄接种该疫苗一次，皮下注射0.5毫升/只，产蛋前1个月再接种一次，肌注1～1.5毫升/只，以后每年春末、冬初（或中秋）各接种一次，1.0～1.5毫升/只。在此免疫接种过程中，可以同时考虑配合免疫接种大肠杆菌灭活苗和鸭瘟疫苗，并作好常规的饲养管理与卫生消毒工作。

2. 控制环境的洁净

（1）由于本病是垂直传播，因而要严格注意从非疫区引种，杜绝该病毒的传入，以减少发病机会，坚决不能使用来自感染鸭群的种蛋。

（2）病毒能在粪便中存活，具有抵抗力，因而要有合理有效的卫生管理措施。严格控制外人及野鸟进入鸭舍，以防疾病传播。

（3）对肉用鸭采取“全进全出”的饲养方式，对空鸭舍全面清洁及消毒后，空置一段时间方可进鸭。对种鸭采取鸭群净化措施，即将产蛋鸭所产蛋孵化成雏后，分成若干小组，隔开饲养，每隔6周测定一次抗体，一般测定10%～25%的鸭，淘汰阳性鸭。

第十一节 鸭传染性法氏囊病

鸭传染性法氏囊病又称腔上囊炎、传染性囊病，是由于鸭感染了传染性法氏囊病病毒引起的一种急性高度接触性传染病。法氏囊是禽类特有的结构，位于泄殖腔后上方，囊壁充满淋巴组织，属于免疫中枢器官。鸭只由于发生了本病而造成免疫抑制，故常诱发其他疾病。

［病原］

传染性法氏囊病毒发现至今，新的变异株不断出现。病毒基因组由A、B两个双链RNA节段构成，属于双RNA病毒科。该病毒具有单层衣壳，无囊膜，呈20面体立体对称，其直径55～65纳米。已确认传染性法氏囊病病毒有5种病毒蛋白，分别为VP1、VP2、VP3、VP4和VP5。传染性法氏囊病病毒有3个公开的抗原类型，分别是经典血清1型、变异型以及血清2型。

传染性法氏囊病病毒非常稳定，对乙醚和氯仿等一些化学试剂不敏感，并且耐热性也较好，曾有研究表明，病毒在60℃作用30分钟仍然可以存活。传染性法氏囊病病毒难以灭活是它能够在禽舍中长期存在的一个原因，即使经过消毒和清洗的禽舍也难以根除。

［流行病学］

许多年来，一直认为鸡是唯一自然感染传染性法氏囊病病毒的动物。近年来国外开始有关于鸭、鹅及鸟类血清中检测到传染性法氏囊病病毒抗体的报道。在我国于20世纪90年代初开始有鸭传染性法氏囊病发生和流行的报道。本病发病急剧、传播迅速，发病率高达80%～100%，死亡率达20%～60%。发病日龄最小为4日龄，最大为119日龄，以7～35日龄多发。

在鸡、鸭混养的养殖户，在鸡群受到本病严重威胁的情况下，鸭群也会发生本病。主要是由于环境污染日益严重，病毒不断扩散，而且其毒力也逐步增强。鸡、鸭和鹅之间可以交互感染，其流行特点、临诊症状及病理变化也极为相似。

［主要症状］

患病鸭初期采食减少，精神委顿，行动缓慢，羽毛蓬乱，有些怕冷堆集，呆滞，喙端变暗，高热，排稀便；逐渐卧地不起或站立不动，排白色或黄绿色水样粪便（粪中混有尿酸盐），泄殖腔周围羽毛被粪便污染；后期病鸭精神极度委靡，显著消瘦，排出绿色黏性含有泡沫的粪便，体温下降；最后衰竭而死。病程3～7天。

［病理变化］

病死鸭尸体严重脱水、干瘪，胸肌、腿肌有明显出血点，呈斑驳状，有的甚至全腿、全胸肌都出血。腹腔积有多量半透明淡黄色液体。肌胃和腺胃交界处有出血带，腺胃乳头肿胀。整个肠道黏膜均有密集的出血斑点。盲肠扁桃体出血。心、肝、脾多无异常，但部分病例有肿大、出血。肾脏表面及输卵管内有尿酸盐沉积。长形的法氏囊外周胶样浸润，肿大2～3倍，表面暗紫色，切开后可见腔内有黏性渗出物或干酪样物，或有出血或呈紫黑色。

［诊断要点］

许多新的快速高效的核酸分子检测技术已应用于临床，如PCR方法可以对病原进行确诊。传统的病毒分离需要将处理好的病料接种SPF鸡胚后经96～120小时死亡。感染的鸡胚发育迟缓，周身点状出血，以头和趾部尤为严重。再进一步做病毒回归动物实验，若人工发病的雏鸭出现典型的传染性法氏囊病的病理变化则可证实为传染性法氏囊病病毒感染。

［防治措施］

由于本病的发生不是很普遍，在本病的防治措施上尚无丰富的资料。但由于鸭感染传染性法氏囊病病毒可能与外界环境中传染性法氏囊病病毒的大量存在有关。因此，加强环境消毒，避免鸡、鸭混养，尽量减少鸡和鸭的直接或间接接触的机会，有利于防治鸭传染性法氏囊病的发生。

鸭一旦发生传染性法氏囊病后，就应停止外出放牧；对鸭舍周围环境及用具用0.3%过氧乙酸或5%福尔马林进行严格消毒；加强饲养管理，注意鸭舍的温度和通风；在饲料配比上增加维生素用量，在饮水中加入适量的葡萄糖。同时，对病鸭每只肌内注射鸡传染性法氏囊病高免卵黄液1.5毫升，往往具有显著疗效，特别是发病早期，其治愈率很高。

第三章　细菌性疾病

第一节　鸭巴氏杆菌病（鸭霍乱）

鸭巴氏杆菌病又名鸭霍乱或鸭出血性败血症，是一种接触性传染病，对家禽和野禽都造成极大危害。

［病原］

鸭霍乱的病原体为多杀性巴氏杆菌的禽型菌株，抗原结构较为复杂，分型方法多种。Carter G－R（1995）根据细菌的荚膜（K抗原）将多杀性巴氏杆菌分为A、B、C、D四个血清型。禽巴氏杆菌多属A型，少数为D型。将K、O两种组合在一起，构成16个血清型。用阿拉伯数字表示不同的菌体抗原，用大写英文字母表示特异性荚膜抗原来表示菌株的血清型。禽巴氏杆菌的抵抗力不强，在干燥条件下2～3天死亡，在血液和粪便中生存不超过10天，在冷水中能保存活力2周左右，在干燥的血液抹片上可存活8天，在3%煤酚皂、1%石灰乳，1%漂白粉中1分钟即可死亡。巴氏杆菌对热的抵抗力不强，60℃经10分钟即可死亡，在腐败尸体中可存活3个月。本菌对青霉素、链霉素、土霉素、磺胺嘧啶、磺胺二甲嘧啶等多种药物敏感，连续用药时间过长，可产生耐药性。

［流行病学］

本病对各种家禽包括鸡、鸭、鹅、鸽、火鸡等都有易感性，对野禽中的野鸭、海鸥、天鹅和飞鸟都能感染。鸭、鹅、鸡最为易感，且多为急性感染。鸭群中发病多呈流行性。病鸭和带菌鸭以及其他带病禽类是本病的传染来源。病禽的排泄物污染饲料、饮水，经消化道而传染。亦可经病禽的咳嗽、鼻腔分泌物排出细菌，通过飞沫进入呼吸道而传染。有时亦可经损伤的皮肤而传染。此外，内源性传染亦属可能。带菌的鸭由于长途运输，或在途中饲养管理以及卫生条件太差，易使鸭抵抗力降低而暴发本病。病死禽污染的池塘、湖泊、水洼、沟渠及人员、运输工具、野生禽类或动物等都可能成为传播本病的媒介。

本病的流行无明显的季节性。由于各地气候条件不同，有的地区以春、秋两季发病较多，有的多发生于秋冬季节。如在我国的南方，本病发生在炎热的7～9月份。此时为小鸭的生长旺季，鸭群多，数量大，而且多为幼龄小鸭，加上气温高、雨量多、气候骤变，以及饲养管理不良等因素，常引起本病的发生与流行。

在发病的鸭龄上，各种日龄的鸭均可发病，但一般1月龄以内的鸭发病率高，往往在几天内大批发病死亡。成年种鸭发病较少，且常呈散发性。

［主要症状］

本病潜伏期为12小时至3天。按病程长短可分为最急性、急性和慢性三型。

1. 最急性型 最急性型常见于流行初期，无前驱症状，常在吃食时或吃食后，突然倒地，迅速死亡。有的种鸭在放牧中突然死亡。肥胖和高产的鸭只容易发生最急性型。

2. 急性型 急性型病鸭精神委顿，不愿下水游泳，即使下水，也是行动缓慢，常落于鸭群的后面或独蹲一隅，不愿行动；羽毛松乱并且易被水沾湿；体温42.3～43℃；食欲减少或不食，口渴；嗉囊内积食或积液；将病鸭倒提时，有大量恶臭污秽液体从口和鼻流出。病鸭咳嗽、打喷嚏、呼吸加快，常张口呼吸，并常摇头，企图排出积在喉头的黏液，故有“摇头瘟”之称。病鸭排出腥臭的白色或铜绿色的稀粪，少数病鸭粪中混有血液。还有些病鸭两脚发生瘫痪，不能行走，常在1～3天内死亡。部分耐过急性型的鸭只转变为慢性病例。鸭群感染本病后，产蛋量下降，薄壳蛋增多。

3. 慢性型 慢性型病例呈进行型消瘦、持续性腹泻和贫血。食欲减退，渴感增加。有些病鸭一侧或两侧腿部关节肿胀、发热、疼痛，行走困难、跛行或完全不能行走。穿刺关节部位有暗红色液体，时间较久则局部变硬，切开见有干酪样坏死或机化。有些慢性病例呼吸系统症状较为明显，鼻分泌物增多，鼻窦肿胀，喉部有分泌物蓄积。少数病例出现明显神经症状。病程通常为几周至1个月以上，死亡率高达50%～80%。慢性型病例亦可转为急性而死亡。

［病理变化］

病死鸭尸僵完全，皮肤上有少数散在的出血斑点。心包液增多，呈透明橙黄色，有的内混纤维素絮片。心外膜、心耳、心冠有弥漫性出血斑点。肝脏略肿大，呈土灰色，质地柔软，易碎裂，表面有针尖大出血点和灰白色坏死灶。胆囊多肿大。肠道以十二指肠和大肠黏膜充血和出血最严重并有轻度卡他性炎症，小肠后段和盲肠较轻。肺呈多发性肺炎，间有气肿和出血。鼻腔黏膜充血或出血。雏鸭为多发性关节炎，关节囊增厚，内含有暗红色、混浊的黏稠液体。肝脏发生脂肪变性和有坏死灶。

［诊断要点］

1. 直接镜检 血液做推片，其他脏器剖面做涂片，用甲醇固定做革兰氏染色、瑞氏染色或碱性美蓝液染色，如发现大量的革兰氏染色阴性、两端钝圆、中央微凸的短小杆菌，即可初诊。本菌无鞭毛，不能运动，不产生芽孢，能形成荚膜。标本用瑞氏或美蓝染色、镜检。菌体多呈卵圆形，两端着色深，中央着色浅，似并列的两个球菌，故有两极杆菌之称。标本涂片用印度墨汁等染料染色，可见清晰的荚膜。

2. 分离培养 最好用麦康凯琼脂和血液琼脂平板同时进行分离培养。本菌在麦康凯琼脂上不生长，而在血液琼脂平板上生长。培养24小时后，可长成淡灰白色、圆形、湿润、不溶血的露珠样小菌落。涂片染色镜检，为革兰氏阴性小杆菌，需再进一步做生化试验鉴定。

3. 生化反应 本菌在48小时内可分解葡萄糖、果糖、单奶糖、蔗糖和甘露醇等，产酸不产气，一般乳糖、水杨酸和肌醇等不发酵，可产生硫化氢和氨，能形成靛基质，MR和VP试验均为阴性，接触酶和氧化酶均为阳性，不液化明胶。

4. 动物试验 取病料在灭菌乳钵中，按1∶10加生理盐水制成乳剂。如做纯培养的毒力鉴定，用4%血清肉汤24小时培养液或取血平板上菌落制成生理盐水菌液，皮下或腹腔接种小鼠2只，每只0.2毫升。禽强毒株在10小时左右可致死，一般在24～72小时死亡。死亡小鼠呼吸道及消化道黏膜有点状出血，肝脏充血、肿大、有坏死灶。取心血及肝脏涂片染色镜检，见大量两极浓染的细菌，即可确诊。

5. 血清学检查 血清学检查对急性病鸭没有实际意义，但对慢性病鸭都有一定的意义。目前较常用的是琼脂扩散试验。

[防治措施]

1. 预防 禽巴氏杆菌的抗原结构很复杂，疫苗的免疫效果不理想。目前，商品化或非商品化的疫苗只能对同型菌株的攻击提供较为满意的免疫保护（保护率为70%～80%），而对异型菌株的攻击则没有或有极少交叉免疫保护。弱毒疫苗的免疫谱较广一些，但也不甚理想，且反应大而影响母鸭产蛋。免疫期一般均较短，只有2～4个月。在进行疫苗免疫接种的同时，要加强饲养管理，搞好鸭舍环境的清洁卫生和消毒工作

2. 治疗 多种药物如喹诺酮类药物（如氟哌酸、环丙沙星等）、红霉素、庆大霉素都可用于本病的治疗，并且都有不同程度的治疗效果。长期服用同一种药物后会使细菌产生耐药性，影响治疗效果。因此，治疗之前，应从病死鸭中分离病原菌进行药敏试验，筛选最佳的药物用于治疗。

第二节 鸭传染性浆膜炎

鸭传染性浆膜炎是由鸭疫里默氏杆菌引起的鸭的一种接触性、急性或慢性、败血性的传染病，主要侵害1～8周龄的小鸭，是造成小鸭死亡最严重的传染病之一。

本病最早于1932年在美国报道，至今世界各养鸭地区几乎都有流行。本病在我国亦有发生。自从郭玉璞（1982）首次报道在北京发生鸭传染性浆膜炎后，在广东、黑龙江、湖北、上海、广西、海南、四川等地也有本病发生。

[病原]

本病的病原体是鸭疫里默氏杆菌或鸭疫里氏杆菌，有21个血清型，彼此间无交叉反应。鸭疫里默氏杆菌是革兰氏染色阴性、无鞭毛、不形成芽孢的杆菌。用瑞氏染色法染色，大多数菌体呈两级着色、单个、成双或短链状排列，部分呈椭圆形。菌体大小为（1～5）微米×（0.3～0.5）微米。用印度墨汁或姬姆萨染色，可见菌体有荚膜。本菌对理化因素的抵抗力不强，在37℃或室温条件下，大多数菌株在固体培养基中存活不超过3～4天。55℃作用12～16小时，本菌全部失活。肉汤培养物储存于4℃可存活2～3周。对多数抗生素敏感，但对某些抗生素容易产生耐药性。

[流行病学]

1～7周龄的鸭易感，但尤以2～3周龄的小鸭最易感。一般常发病的疫群中1周龄以内的幼鸭可能因为有母源抗体，很少有发病者。7周龄以上者亦很少见。发病率为5%～90%，死亡率为5%～80%，有的高达90%以上。

本病一年四季都可发生，尤以冬、春季为甚。育雏室饲养密度过大，空气不流通，潮湿，卫生条件不好，饲养粗放，饲料中缺乏维生素与微量元素以及蛋白水平过低等，均易造成疾病的发生与传播。地面育雏也可因垫草潮湿不洁，污染了细菌，反复使用，一旦小鸭脚掌擦伤则亦可感染。

本病的发生和流行与应激因素有着密切的关系。据报道，被本菌感染而没有应激的鸭通常不表现临诊症状，幼鸭在育雏室移至鸭舍饲养后，由于受寒冷和淋雨引起本病的暴发。同时，如果有其他疾病的存在或并发感染常能诱发和加剧本病的发生和死亡，常并发的有鸭大肠杆菌病，有时也有巴氏杆菌病、沙门氏菌病、葡萄球菌病和雏鸭病毒性肝炎等。本病主要感染鸭和水鸭，外来品种的鸭常较本地品种的鸭易感性稍高，小鹅也可感染发病。还有报道认为可从火鸡、雉、野水禽、鹌鹑及鸡中分离到本病原菌。

本病可以通过污染的饲料、饮水、飞沫、尘土等经呼吸道、消化道和损伤的皮肤等途径传播。取上述途径的人工感染试验可成功地复制本病。另外，一般认为本病也可经蛋垂直传播。本病常表现明显的“疫点”特征。一般本病较为严重的鸭场，其周围的鸭场也多有本病流行。有本病发生的种鸭场，其商品代鸭场也可能发生本病。

[主要症状]

最急性病例看不到任何明显症状突然死亡。急性病例的主要临床表现为嗜眠，缩颈，喙抵地面；腿软弱，不愿走动或行动蹒跚，共济失调；不食或少食；眼有浆液或黏液性分泌物，常使眼周围羽毛粘连脱落；鼻孔流出浆液或黏液性分泌物；粪便稀薄、呈绿色或黄绿色，部分小鸭腹部臌胀。濒死出现神经症状，如痉挛、摇头或点头，两腿伸直呈角弓反张状，尾部轻轻摇摆，不久抽搐而死。亦有部分小鸭出现阵发性痉挛，在短时间发作 2～3 次后死亡。病程一般为 1～3 天。

4～7 周龄的小鸭，病程可达 1 周或 1 周以上，多呈现急性或慢性经过。临床主要表现为沉郁、困倦、少食或不食、伏卧、腿软弱、不愿走动、共济失调、痉挛性点头运动或摇头摇尾、前仰后翻、翻倒后仰卧不易翻转。少数病例出现头颈歪斜，遇有惊扰时，小鸭不断鸣叫，颈部弯转 90℃左右转圈或倒退。当安静蹲卧或采食饮水时，头颈稍弯曲，伸颈，犹如正常，这样的病例能长期存活，但发育不良、消瘦。此外，亦有少数病例呈呼吸困难，张口呼吸，病鸭消瘦后死亡。还有的病例出现跗关节肿胀，多伏卧，不愿走动。

[病理变化]

1. 心脏 病程较急的病例，见心包液增量，心外膜表面覆有纤维素性渗出物。病程较慢者，则心包有淡黄色纤维素充填，使心包膜与心外膜粘连，渗出物干燥。病程较久者，纤维素性渗出物机化或干酪化。

2. 肝脏 肝表面包盖一层灰白色或灰黄色纤维素膜，极易剥离。肝土黄或棕红色，急性死亡者常呈橙红色，肝实质较脆，胆囊肿大，肝脏多肿大，肝细胞浊肿或脂变，肝门静脉周围一般见单核细胞、异嗜白细胞及浆细胞浸润，病程较慢的亚急性病例可观察到淋巴细胞浸润。病程较久的病例，肝表现渗出物呈淡黄色干酪样团块，已被从肝被膜里长出的肉芽组织所机化。

3. 气囊 多数病例气囊上均有纤维素膜。在纤维素性渗出物中有单核细胞成分。在慢性病例中可观察到多核巨细胞和成纤维细胞，渗出物可部分钙化。

4. 脾 脾多肿大或肿胀不明显，表现也常有纤维素膜。脾白髓均萎缩消失，所有包绕小动脉系统的淋巴组织全不见淋巴细胞，仅有网状细胞。红髓充血，淋巴细胞减少，网状细胞增多，并可见单核细胞。脾肿大明显者一是充血显著，二是红髓中出现大量的吞噬细胞。日龄较大的小鸭，脾脏肿大、多呈红灰斑驳状，可见发灰色的滤泡。

5. 输卵管 少数病例见有输卵管炎，输卵管臌大，内有干酪样物蓄积。

6. 关节 跗关节肿胀，触之有波动感。关节液增量，乳白、黏稠。

7. 皮肤 在屠宰的商品鸭中，有时见腹中皮下脂肪或毛囊感染，皮肤或脂肪呈黄色，切面呈海绵状，似蜂窝织炎变化。

此外，有时在眶下窦见有干酪样渗出物。

［诊断要点］

1. 病原检查

（1）培养基和标本采取　最适合的培养基是巧克力琼脂平板培养基、鲜血（绵羊）琼脂平板、胰蛋白大豆琼脂培养基等。以无菌操作采集心血、脑、肝、关节液以及气囊，划线分离、培养。

（2）镜检　在巧克力琼脂平板培养基上成长的菌落表面光滑、稍突起，呈奶油状；直径为1～1.5毫米。用瑞氏法染色，菌体两端浓染。经墨汁染色可见有荚膜。

（3）生化特性　不能利用碳水化合物，靛基质试验、甲基红试验、尿素酶试验和硝酸盐还原试验均阴性，不产生硫化氢，能液化明胶，过氧化氢酶、引哚试验阳性。

（4）动物接种　试验取被检鸭的肝、脑等病料或其培养的菌落，经注射易感小鸭，隔离观察14天，看其是否出现典型的病变，对病死鸭再做病原的分离、培养和鉴定。

2. 血清学检查

（1）荧光抗体法　取病鸭的脑、肝组织和渗出物做涂片，火焰固定，用特异荧光抗体染色，在荧光显微镜下检查，可见本菌为黄绿色环状结构，多为单个散在，个别呈短链排列，其他细菌不着色。此法快速、准确，并可区分大肠杆菌、多杀性巴氏杆菌和沙门氏菌等。

（2）琼脂扩散试验　此法多用于分离菌的血清学定型，具体操作方法按常规进行。

（3）平板凝集试验　是一种快速特异的方法，可做血清型的鉴定。

（4）间接ELISA检测鸭疫巴氏杆菌抗体　间接ELISA检测鸭疫里默氏杆菌Ⅰ型抗体，是一种快速、敏感、特异性强的检测方法，可用于鸭群血清流行病学调查及疫苗免疫效果的监测。

［防治措施］

预防本病首先要改善育雏室的卫生条件，特别注意通风、干燥、防寒以及改变饲养密度。地面育雏要勤换垫草。最好采用“全进全出”制饲养，便于彻底消毒。

1. 预防　用疫苗接种鸭群，可以有效地降低鸭疫里默氏菌的发病率和死亡率。由于鸭疫里默氏菌具有型特异性，对异型菌无保护作用，目前国内分离鉴定的鸭疫里默氏菌已有16个血清型，各地流行株不一定相同。自繁自养的鸭场，血清型相对较单一，在一个相当长的时间内往往存在同一个血清型。没有种鸭的鸭场，雏鸭来源较复杂，往往存在较多或较新的血清型。若雏鸭来源相对稳定，则流行株的血清型也较单一。不同地区、不同鸭场流行的鸭疫里默氏菌血清型不一定相同，即使是同一个鸭场，在不同时期流行的血清型种类也可能发生变化，从而导致原有疫苗的免疫失败。因此，最好选用一个地区或一个鸭场流行的几个血清型菌株制备具有针对性的多价疫苗。同时，还应留意新血清型菌株的出现，及时更换。目前，国内还没有商品性鸭疫里默氏杆菌病疫苗，但不少单位及学者已研制出不少有效的疫苗。

2. 治疗　一旦鸭群发生本病，及时采用药物防治可有效地控制疫病的发生和发展。通过药敏实验的结果，选择敏感药物进行治疗。

可选择下列任意一种用药方法进行治疗：

（1）5%的氟苯尼考　按0.2%的比例混料，每天1次，连喂5天。

（2）盐酸二氟沙星　按0.015%～0.02%的比例拌料饲喂，每天1次，连用3天。

（3）环丙沙星　按每千克体重5～10毫克拌料饲喂，每天1次，连用3天。

使用药物时应注意如下事项：为防止药物长期使用产生抗药性，各药物应根据使用效果及时更换或交替使用；当本病急性流行并有继发或并发感染时，在混料喂服的第一天至第二天可同时肌内注射，结合清洁卫生和消毒工作，可较快地减少死亡和缩短疗程。

第三节　鸭大肠杆菌病

鸭大肠杆菌病是由致病性大肠杆菌的不同血清型菌株所引起的不同病型大肠杆菌病的总称。鸭感染大肠杆菌往往是由于环境中大肠杆菌污染严重、鸭体受应激因素的影响致抵抗力下降，以及没有免疫力感染而发病。鸭感染大肠杆菌后发病的类型较多。

［病原］

本病的病原体在分类学上属肠杆科埃希氏菌属，大肠埃希氏菌。根据大肠杆菌的O抗原（菌体抗原）、K抗原（荚膜抗原）和H抗原（鞭毛抗原）等表面抗原的不同，可将本菌分为许多血清型，现已知有173个O抗原，74个K抗原，53个H抗原。根据报道，其中引起鸭发病的血清型有O147、O138、O119、O118、O111、O78、O73、O56、O45、O35、O20、O15、O8、O6、O14、O2、O1等。在不同动物和不同类型的大肠杆菌感染中，其血清型具有较大的差异。侵害种鸭生殖器官的大肠杆菌血清型主要是O8（占73.4%）、O1（占10.7%），还有O158和O28。大肠杆菌是革兰氏阴性、两端钝圆的短杆菌，无芽孢，无荚膜，单独或成双存在，大多数有鞭毛，能运动，大小为（2～3）微米×0.6微米，不同菌株大小和形态有一定差异。在普通琼脂平板上生长，经37℃24小时形成圆形、隆起、光滑、湿润、乳白色、半透明、边缘整齐的菌落。若为溶血性菌株，则在血液平板上形成β型溶血。在肉汤培养基中呈均匀浑浊，大肠杆菌能分解多种糖类，产酸产气。大肠杆菌对外界环境的抵抗力不强，50℃30分钟、60℃ 15分钟即可死亡。一般常规消毒药物能在短时间内将其杀死。

［流行病学］

大肠杆菌广泛存在于自然环境中，是鸭只肠道正常寄居的土著菌之一，其中有些血清型属致病性菌株。在正常情况下，大多数菌株是非致病性的共栖菌。当鸭机体衰弱、消化系统的正常机能受到破坏、肠内微生物区系失调、机体防御机能降低时，肠内的致病性大肠杆菌就有可能进入肠壁血管，随着血液循环侵入内脏器官，造成内源性感染的菌血症。最主要的传染途径是呼吸道，但也可以通过消化道、蛋壳穿透、交配等途径感染。

各种品种日龄的鸭都可感染本病，雏鸭最易感，2～6周龄多发，发病率和死亡率较高，在商品肉鸭中死亡率可高达50%左右。发病鸭场常常是卫生条件差，潮湿，饲养密度过大，通风不良。本病一年四季均可发生，以秋末和冬、春季多见，与应急因素关系密切。

［主要症状］

本病发生突然，死亡率较高。临床表现颇似鸭传染性浆膜炎，即沉郁，不喜动，食欲不佳或不食，嗜眠，眼、鼻常有分泌物。有时见有下痢，拉灰白色或绿色稀粪，部分鸭粪颜色污黑或带血丝。初生雏鸭表现衰弱、缩颈、闭眼，亦有发生下痢者，腹臌大，常因败血症而死，或因衰弱、脱水致死。成年鸭常表现喜卧，不愿行动，站立或行走时见腹部臌大和下垂呈企鹅状，触诊腹腔内有液体。

鸭大肠杆菌侵害种鸭（尤其是优良品种鸭）的生殖器官，降低鸭的种用性能和产蛋性能。该病主要发生于成年种公鸭和产蛋鸭（尤其是产蛋高峰期），表现为患病母鸭突然停止产蛋，体温正常或稍偏低，精神委顿，不愿走动，羽毛松乱，食欲减少或完全废绝，排灰白色黄绿稀粪，泄殖腔有1～2个硬或软壳蛋滞留，鸭康复后多不能恢复产蛋功能。

［病理变化］

大肠杆菌性败血症的病理学特征是浆膜渗出性炎症，主要在心包膜、心内膜、肝和气囊表面有纤维素性渗出，呈浅黄绿色松软湿性、凝乳样或网状，厚度不等。此种渗出无机化倾向，不形成层状。肝脏常肿大、呈青铜色或胆汁色。脾脏肿大、发黑且呈斑纹状。剖开腹腔时常有腐败气味。渗出性腹膜炎、肠炎和卵黄破裂也常见。坏死性肠炎、卵巢出血成年鸭更常见。偶见肺淤血和水肿。

鸭大肠杆菌侵害种鸭的生殖器官时病变局限于生殖器官。患病母鸭输卵管黏膜散在分布有大小不一的出血斑或点，卵泡膜充血、有的卵泡变形，少数病例有卵黄性腹膜炎和肝脏轻度肿大，其他脏器无明显异常。患病公鸭阴茎充血、肿大，严重者露出体外，不能缩回体内，露出的阴茎呈鲜红色，有大小不一的结节或溃疡。病鸭失去交配能力。

［诊断要点］

1. 病原分离　常用麦康凯琼脂、伊红美蓝琼脂等选择性培养基进行培养。本菌菌落在EMB平板上的最大特征是呈深紫色，臌凸，表面湿润发亮，具有绿色的金属光泽。凭此特征可做出初步诊断。

2. 病原鉴定　除了做一般的生化反应外，还需做以下工作：

(1) 以O、K血清的玻片凝集法为佳，血清学鉴定应先多价再单价。

(2) 鉴定是否是侵袭性大肠杆菌还需做豚鼠角膜结膜试验。其方法是将新分离到的菌株接种于固体培养基上，待生长后用铂耳钩取菌苔夹入豚鼠结膜囊内，如是侵袭性大肠杆菌，则引起角膜结膜炎。因为侵袭性大肠杆菌与志贺氏菌在生化反应、血清学和毒力基因方面都很接近，所以必须做对比实验。

［防治措施］

1. 预防

(1) *加强饲养管理，搞好消毒工作*　保持洁净的饮水，加强饮水的卫生监测。饲料要求全价、优质、无污染和霉变。鸭舍要经常打扫，保持清洁卫生，勤换垫草，保持干燥的环境。改善通风条件，避免多尘、充满氨气的空气，防止饲养密度过大、饲料突然改变、潮湿等应激因素的影响。杜绝其他动物和人员进入鸭舍。平时注意自繁自养，不从疫情不明的鸭场引种，对外来鸭进行检疫。鸭不接触或尽量少接触病原菌，可减少发病的机会。

(2) *疫苗接种*　疫苗接种是预防鸭大肠杆菌病的重要手段。虽然各地的优势致病性大肠杆菌流行菌株的血清型种类多而不相同，但只要从发病的地区或鸭场分离出来的优势流行菌株制成区域优势血清型疫苗，按一定科学的免疫程序进行免疫，效果是理想的。这是防控禽类大肠杆菌病的方向，也是历史的结论。

在鸭只产生免疫力之前，尽量避免接触被污染的水源。务必搞好鸭舍的清洁卫生，或每2～3天在饲料中投1次抗菌药物，同时添加多种维生素和微生态制剂，至产生免疫力为止。

2. 治疗　大肠杆菌对多种药物敏感，但随着抗生素的广泛应用，耐药菌株也越来越多，而各地分离的菌株，即使是同一个血清型，对同一种药物的敏感性也有很大的差异。因此，在治疗之前，最好先用分离菌株作药敏试验，选用高度敏感的药物进行治疗，交替用药，才能收到较好的效果。

第四节　鸭沙门氏菌病（鸭副伤寒）

鸭副伤寒是由沙门氏菌属的细菌引起的鸭的急性或慢性传染病。它可引起小鸭大批死亡，成年鸭成为带菌者。本病在世界分布广泛，几乎所有养鸭国家都有本病存在，是鸭的常发病。本菌还可引起人类食物中毒，在公共卫生上有重要意义。

[病原]

根据禽沙门氏菌的抗原结构不同分为三种疾病：鸡白痢、禽伤寒和副伤寒。由鸡白痢沙门氏菌引起的疾病称鸡白痢。由禽伤寒沙门氏菌引起的疾病称禽伤寒，由其他有鞭毛、能运动的非宿主适应性沙门氏菌引起的禽类疾病统称为禽副伤寒。禽副伤寒的病原体是沙门氏菌属的多种细菌，约为60多种，150多个血清型。引起鸭、鹅发生副伤寒的最常见的沙门氏菌是鼠伤寒沙门氏菌和肠炎沙门氏菌。禽副伤寒沙门氏菌对热和消毒药的抵抗力很弱，在60℃下5分钟即死亡，－20℃可生存13个月。石炭酸和甲醛溶液对本菌有较强的杀伤力，在土壤、粪便和水中能生存很长时间，在鸭舍的室温中可存活7个月，在鸭粪中能存活6个月，在池塘中能存活119天，在普通饮水中能生存4个月。在蛋壳表面、蛋壳膜和蛋黄内的某些沙门氏菌，于室温下可存活8周。在清洁的蛋壳上生长期较短，而在污秽蛋壳上则较长。提高湿度可延长存活时间。

[流行病学]

幼龄的鸭对副伤寒最易感，尤以3周龄以下者常易发败血症而死亡。雏鸭从出雏室取出第一天即开始死亡，死亡率为1％～60％。随着雏鸭日龄的增长，雏鸭对副伤寒的抵抗力增强。成年鸭感染后多成为带菌者。传染来源为临床发病的鸭与带菌鸭。鸭副伤寒可直接经卵传播、经蛋壳被污染传播、在污染的孵化器内散播、经被污染的鸭饲料传播以及其他动物与人类携带而传播。如鸭副伤寒继发雏鸭肝炎病毒感染往往导致更高的死亡率。

[主要症状]

不同日龄的鸭感染沙门氏菌后，临床表现不相同。

1. 胚胎　是由于鸭蛋带菌或在孵化中被感染而死胎，或啄壳后死亡。

2. 幼雏　多发生。胎毛松乱，腿软，拉稀粪，腥臭，肛门周围羽毛常被尿酸盐黏着。眼半闭，两翅开张或下垂，不愿走动，渴感，腹部臌大，卵黄吸收不全，脐炎，常于孵出数日内因败血症、脱水或因被践踏而死。

3. 小鸭　2～3周龄的小鸭发病后常见精神不良，不食或少食，翅下垂，眼有分泌物，下痢或正常，颤抖，共济失调，最后抽搐，角弓反张而死，少数慢性病例可能出现呼吸道症状，表现呼吸困难，张口呼吸，或出现关节肿胀。

4. 中鸭　很少出现急性病例，常成为慢性带菌者，如病毒性肝炎、大肠杆菌或鸭疫里默氏杆菌存在的情况下，可使病情加重，加速死亡。

5. 成年鸭　多无可见的临床表现，成为带菌者。

［病理变化］

初生幼雏的主要病变是卵黄吸收不全和脐炎，俗称"大肚脐"，卵黄呈黏稠，色深，肝脏有淤血。日龄大的小鸭常见肝脏肿胀，表面有坏死灶或无坏死灶。最特征的变化是盲肠肿胀，呈斑驳状，内有干酪样的团块。直肠和小肠后段亦肿胀呈斑驳状。有的小鸭气囊混浊，常附有黄色纤维素的团块。膝关节和臂关节肿胀、有炎症，也有出现心包炎、心外膜或心肌炎的病例。脾脏肿大显著，色暗淡，斑驳状，由得克萨斯沙门氏菌引起的败血症还可见到皮下、胸肌、心内外膜、肾广泛出血。肝青铜色，有针尖大灰白色坏死点。胆囊肿大，胆汁浓稠呈黑绿色。组织学检查见有异嗜细胞浸润和局灶性坏死。中枢神经系统见脑膜不透明、增厚。组织学变化为软脑膜炎，肠道黏膜变性和坏死，肾脏发白和含有尿酸盐。

［诊断要点］

从未吸收的卵黄、病死尸体的肝脏和心血取材料，接种于普通琼脂培养基或蛋白大豆琼脂上，经 24 小时后取出观察结果，根据菌落的形态怀疑为沙门氏菌时，可用沙门氏菌多价 O 型抗血清进行玻片凝集反应，如为阳性可继续进行生化特性的检查。根据葡萄糖、麦芽糖、甘露醇产酸产气，蔗糖和乳糖阴性，柠檬酸盐或不能产生硫化氢，即可确定为沙门氏菌。为了进一步确定沙门氏菌的种，则必须进行血清学鉴定。

［防治措施］

1. 预防　由于本病是经多种途径传染的，必须采取综合性预防措施方能奏效。

（1）防止蛋壳被污染

①鸭舍应在干燥清洁的位置设立足够数量的产蛋槽。槽内勤垫干草，以保证蛋的清洁，防止粪便污染。不要轻视这项工作，它是保证蛋减少污染的关键，否则一旦细菌污染并侵入蛋壳内，则任何消毒措施都将无济于事。

②保持种蛋的清洁干净。对那些产在院落、运动场、河岸或河内的蛋严禁入孵，因其多被细菌污染，在孵化过程中可能发生爆破而污染整个孵化器。

③搜集的蛋应及时入蛋库或蛋室，并用福尔马林进行熏蒸消毒。

④孵化器的消毒是防止蛋壳被细菌污染的重要措施。孵化器的消毒应在出雏后或于入孵前（全进全出）或以循环入孵（即每周入一批蛋）者，应于入孵

后12小时内进行福尔马林熏蒸消毒。严禁于入孵后24～96小时内进行消毒，因为此时该鸭胚对甲醛敏感。原在孵化器内的已入孵的蛋可能多次受到福尔马林熏蒸消毒，但没有害处。药用量为每立方米容量用15克高锰酸钾、30毫升福尔马林（含甲醛36%～40%），消毒20分钟后，开门或开一通气孔通风换气。

（2）防止鸭雏感染　接运鸭雏用的木箱或接雏盘应于使用前或使用后进行消毒，防止污染。接雏后应尽早地供给饮水或饲料，并可在饲料内加入适当的抗菌药物，也是防止发生细菌感染的有效措施。但是，不能过分地依赖药物预防，必须结合上述综合措施才能起到良好的预防效果。

（3）防止幼雏发生脱水致死　幼雏感染本病后常由于败血症或脱水而死。因为被感染幼雏常体弱，由于水盆或饮水器放置的位置不当或过少，则导致鸭饮不到水，而死于脱水。一般应将水盆置于热源附近，靠近饲槽或食盘，这样就便于幼雏寻找水源。

（4）育雏室温度要恒定，要防潮。

（5）鸭场灭鼠　鼠常是本病的带菌者或传播者，它可以污染饲料和鸭舍，成为传染来源，应引起重视。

2. 治疗　由于目前抗生素广泛应用，沙门氏菌极易产生耐药性。因此，在治疗之前进行细菌分离和药敏试验，选择最有效的药物用于治疗。较常用的药物有以下几种。

（1）土霉素　按每千克饲料加入100～140毫克，连用3～5天。

（2）5%氟苯尼考　按0.2%的比例拌料饲喂，连用5天。

（3）土霉素、四环素和金霉素　按0.02%～0.06%的比例拌料饲喂，每天1次，可连续应用数周。

（4）盐酸沙拉沙星　10克溶于100千克水中，每天1次，连饮3～5天。10克拌40千克料，每天1次，连喂3～5天。

（5）硫酸丁胺卡那霉素　肌内注射，每只2 000～4 000国际单位，每日2次，连用5天。

第五节　鸭慢性呼吸道病（支原体病）

鸭慢性呼吸道病又名鸭窦炎，其临床特性是出现眶下窦炎，发病率可能很高，而死亡率较低，可以自愈，但影响生长发育和产蛋。

［病原］

本病的病原体为鸭支原体。关于鸭支原体病的资料，国内外报道较少，尚未引起足够的重视，但本病已有扩大蔓延的趋势。

［流行病学］

主要发生于2～3周龄的雏鸭，发病率高达80%或40%～60%，死亡率可达1%～2%。发病严重鸭群，发病率可达20%～30%。本病的传染源是病鸭和带菌鸭，空气被污染后，可经呼吸道传染，也可经污染的种蛋垂直传播。一年四季均可发生，以秋末冬初和春季多发。

［主要症状］

本病的潜伏期不详，但是根据雏鸭发病日龄看，可以从5日龄的雏鸭中看到有窦炎的症状。临床表现为一侧或两侧眶下窦肿胀，形成隆起的臌包，发病初期触摸柔软，有波动感。窦内充满浆液性渗出物，随病程发展逐步形成浆液、乳液性以及脓性渗出物，后期形成干酪样物，臌包变硬，渗出物明显减少。病鸭鼻腔亦有分泌物，鸭时有甩头症状。有些病鸭眼内亦常充满分泌物。少数病鸭眼睛失明。病鸭常可自愈，多不死亡，但精神不佳，生长缓慢。商品鸭的品质下降，产蛋率减少。

［病理变化］

鸭慢性呼吸道病的病理学诊断为眶下窦肿胀，内充满透明或混浊的浆液、黏液或有干酪样物蓄积，窦黏膜充血，增厚，气囊混浊、增厚、水肿，眼和鼻腔有分泌物。

［诊断要点］

分离本菌的支原体，可用PPLO琼脂或肉汤培养基进行培养，该培养基含有1%酵母自溶物、10%马血清、0.1%葡萄糖、0.2%醋酸铊，pH为7.8。在PPLO琼脂培养基上经37℃24小时培养，菌落呈圆形、光滑，如“油煎蛋”状，中央突起。生长密集处菌落细小，生长稀疏处菌落较大。革兰氏染色呈阴性。用吉姆萨染色，菌体呈纤细的杆状、球状或环状的多形性。能发酵麦芽糖、果糖、糊精和淀粉，只产酸。对蔗糖和乳糖发酵不产酸。鸭支原体能凝集鸭红细胞，但无凝集鸡红细胞的作用。

［防治措施］

本病的病因尚不完全清楚，其发生与环境因素有密切的关系。因此，在防治本病的措施上，首先应注意改善饲养管理环境，特别是舍饲期间的鸭舍的卫生，如通风、保温、防湿、饲养密度不宜过大以及消毒等。争取在育雏期间做到“全进全出”，即成批进雏，成批转雏，不留残鸭圈，不留病鸭，空圈后彻底消毒。消毒可用福尔马林熏蒸。以上措施可使鸭发病率大大减少。或者采取更换育雏室的办法，即将原病鸭舍彻底消毒后，空圈一段时间再饲养，往往也有良好效果。

第六节　鸭葡萄球菌病

鸭葡萄球菌病是由金黄色葡萄球菌引起的多种临床表现的急性或慢性疾病，主要为关节炎、脐炎、腹膜炎以及皮肤疾患，有时会造成死亡。本病是鸭的常见病，在多数养鸭国家存在。

［病原］

本病的病原体是金黄葡萄球菌，革兰氏染色阳性、圆形或卵圆形球状菌。无鞭毛，不产生芽孢，可在一般培养基上生长，菌落光滑、隆起、圆形，幼龄菌落呈灰黄白色，逐步变成金黄色。禽型金黄色葡萄球菌能产生溶血素和血浆凝固酶，在血液琼脂平板上产生溶血环，能凝固兔血浆。在不产生芽孢的细菌中，葡萄球菌对外界的抵抗力是最强的细菌之一，要在60℃30～60分钟或80℃10～30分钟才能将其杀死。煮沸后迅速死亡。3%～5%石炭酸在3～15分钟内、75%酒精在5～10分钟内均可将其致死。

［流行病学］

金黄色葡萄球菌广泛存在于鸭群的周围环境中，从鸭舍空间的空气、地面、鸭只体表、粪便、饲料及羽毛等都可分离到本菌的病原体。当体表损伤时，病原乘虚侵入。皮肤损伤是本病原体主要侵入门户，也是重要传染途径。初生雏鸭脐炎，或滞留的未经完全吸收的蛋黄内亦可分离到金黄色葡萄球菌。它是造成弱雏或幼雏早期死亡的原因之一。饲养管理不善及缺乏严密的卫生消毒制度是促成本病发生和死亡率较高的不可忽略的因素。本病一年四季均可发生。

［主要症状］

1. 关节炎型　常见于中鸭或种鸭，病变多发生于跗关节和趾关节。病变关节及其邻近腱鞘肿胀，初期局部发热，发软，疼痛，不愿行动，久之肿胀处发硬，切开见有干酪样物蓄积。常见病灶蔓延至病肢侧腹腔内发生化脓性、局限性病灶。

2. 内脏型　多见于成年种鸭，临床常见不到明显变化。有的鸭见有腹部下垂，俗称“水裆”。病鸭精神、食欲皆不正常。

3. 脐炎型　见于1周龄以内，特别是1～3日龄的鸭雏。临床表现弱小，怕冷，眼半闭，翅开张，腹部膨大，脐部肿胀、坏死，常于数日内因败血症死亡或由于衰弱被挤压致死。

4. 皮肤型　多发生于3～10周龄的鸭，由于皮肤损伤而发生局部感染，常发生胸部皮下化脓病灶或发生局部坏死。种母鸭因公鸭交配时趾尖划破背部皮肤，也可造成感染。

［病理变化］

本病的病理变化因病型不同而异。

1. 关节炎型　常表现关节炎，关节囊内有浆液性或纤维素性渗出物。多见于跗关节和趾关节，表现出关节肿大，滑膜增厚，充血或出血。病程较长的病例，则变成脓性和干酪样黄色坏死物，甚至关节周围结缔组织增生及畸形。

2. 内脏型　剖检变化常见有腹膜炎、腹水和纤维素性渗出物。肝脏肿胀，质度发硬，呈黄绿色或有小的坏死灶，脾脏正常或肿胀，心外膜常见有小点出血，泄殖腔黏膜有时见有坏死和溃疡。

3. 脐炎型　主要发生于雏鸭（尤其是1～3日龄多见），患鸭脐部肿大，呈紫黑色或紫红色，有暗红色或黄红色液体，时间较久则为脓样干酪坏死物，脐炎和蛋黄吸收不全，且蛋黄常呈稀薄水状。

［诊断要点］

1. 病原的分离　金黄色葡萄球菌的诊断需要进行细菌的分离培养，关节渗出物、卵黄物质以及内脏器官的穿刺物等都可作为金黄色葡萄球菌分离培养的病料。将病料接种于鲜血琼脂平板上，挑选金黄色、具有溶血的菌落作纯培养。金黄色葡萄球菌在血液琼脂（绵羊血或牛血）上生长良好，培养18～24小时，菌落直径可达1～3毫米。大多数金黄色葡萄球菌呈β溶血，而其他葡萄球菌不溶血。对于污染严重的病料，可以用选择培养基，如甘露醇高盐琼脂培养基或苯乙基乙醇琼脂培养基，以抑制革兰氏阴性细菌的生长。

2. 镜检　挑取菌落进行革兰氏染色。葡萄球菌为革兰氏阳性球菌。

3. 生化反应　大多数金黄色葡萄球菌菌落有色素。致病性金黄色葡萄球菌凝固酶和甘露醇均为阳性，而非致病性的表皮葡萄球菌两种试验都为阴性。

［防治措施］

1. 预防　预防幼雏发生脐炎，必须从种鸭群产蛋环境着手，保持蛋的清洁，减少粪便污染。应设产蛋箱，勤换垫草，保持干燥，孵化过程注意孵化器的洗涤与消毒，对新生雏保温、防止挤压，并保证饮水清洁。成年鸭游泳活动的池塘水源应保持清洁，最好是流动水源。种公鸭应断爪。鸭的运动场所要平整，防止鸭掌磨损或刺伤而感染。平时加强饲养管理，注意补充饲料维生素和微量元素，防止互相啄毛而引起外伤。

2. 治疗　一旦发现病鸭，立即隔离治疗。对局部损伤的感染，可用碘酊棉球擦洗病变部位，以加速局部愈合吸收。同时，可用硫酸庆大霉素肌内注射，每千克体重3 000国际单位，3～4次/天，连用7天，效果较好。此外，治疗还可以选用红霉素、卡那霉素等。

第七节　鸭链球菌病

鸭链球菌病主要是由致病性链球菌引起的一种急性败血性或慢性传染病，幼鸭多发，成年鸭也可感染。

［病原］

链球菌种类多，鸭链球菌病主要由兽疫链球菌引起。链球菌的形态为圆形的球状细菌，菌体直径为0.1～0.5微米，革兰氏染色阳性，老龄培养物或被吞噬细胞吞噬后呈阴性。不形成芽孢，不能运动，呈单个、成双或短链状排列。单个细菌呈圆形或卵圆形，比葡萄球菌小，在液体培养基中呈长链状排列，在固体培养基及病料中多为短链、成双或单个存在，有时由于涂片技术的问题而以单个和成双为主，可被误认为是双球菌。致病性链球菌的链一般较长，非致病性的菌株或毒力弱的菌株链较短。

［流行病学］

各种日龄的鸭均可感染本病，以雏鸭多发。传播途径是经消化道和呼吸道而传染，也可以通过损伤的皮肤传播。中雏或成年鸭经皮肤创伤感染，新生雏经脐带感染，或经蛋壳污染后感染鸭胚，孵化后成为带菌雏。本病的发生常常与应急因素有关，如鸭舍地面潮湿、空气污浊、卫生条件较差等。本病无明显的季节性，一般为散发，也有地方性流行。

［主要症状］

病鸭精神委顿，食欲减少或废绝，羽毛松乱、无光泽，卧地不起，嗜睡，强行驱赶，步态蹒跚，共济失调，拉绿色或灰白色稀便。病程短，发病后1～2天死亡。

［病理变化］

剖检可见败血症变化，以实质器官出血较明显。发病初期心包腔积有少量淡黄色液体。病程稍长者，可见心冠脂肪、心外膜及心内膜弥漫性小出血点。心内膜出血主要集中于房室瓣。肝肿大、呈砖红色或粉红色，质软，切面结构模糊，表面可见病灶性密集小出血点或出血斑。一侧或两侧肺出血、淤血、水肿，脾淤血。有的病例可见胰小点出血。肾肿大，出血。肌胃中混有血迹。角质膜糜烂、出血、易剥离，角质下层有出血斑点。少数病例可见腺胃乳头出血。肠呈卡他性炎症，少数病例可见十二指肠出血。有的病例见胸腺小出血点。

［诊断要点］

1. 分离培养　本菌在普通培养基中生长不良。在血清肉汤中，长链的菌株呈颗粒状、粉状或絮状沉淀，培养基透亮。在血琼脂平板上形成灰白色、半透明或不透明、表面光滑、有乳头的圆形突起的微小菌落。多数菌株有溶血能力。本菌在常用的绵羊血琼脂平板上形成溶血，即在菌落周围有一个2～4毫米宽、界限分明、完全透明的无色溶血环。

2. 生化反应 本菌能分解乳糖、蔗糖、水杨苷，不分解棉子糖、菊糖和山梨醇等，不液化明胶，不能在0.1%的美蓝牛乳中生长，能在pH 9.6肉汤内生长。

3. 动物试验 将新分离菌株在鲜血琼脂培养基上传代2次，然后接种于0.2%的葡萄糖肉汤中，37℃培养18小时，静脉注射小鼠0.3毫升，应于第4天死亡；另取2只小鼠腹腔注射0.2毫升，经2～3天再补注0.5毫升和1.0毫升，于第9天扑杀。3只小鼠剖检时均见肝脏有针尖大、黄色坏死点。取心血、肝、脾、肾接种于血液琼脂平板培养基上，37℃培养48小时，所有标本均分离出本菌。亦可选家兔试验。

[防治措施]

1. 预防 幼雏的脐炎与败血症的预防应着重防止种蛋的污染。为此，种鸭舍要勤垫干草，保持干燥，勤捡蛋。入孵前可用福尔马林熏蒸，出雏后注意保温。

小鸭的败血症与成鸭的预防，应注意鸭舍垫草的卫生，防止鸭皮肤与脚掌创伤感染。

2. 治疗 可用青霉素、新生霉素、土霉素、四环素等药物，特别是对急性感染均有疗效。由于所分离菌株对抗菌药物的敏感性不同，应进行药敏试验。

第八节 鸭结核病

鸭结核病是由禽结核杆菌引起的一种慢性传染病，主要发生于种鸭。本病在国内外均有报道，其危害养鸭业的程度不同。在我国南方养蛋鸭较多，饲养日龄较长，故本病易于发现。

[病原]

本病的病原体是分支杆菌科、分支杆菌属的一种。禽分支杆菌为多型性，呈杆状、棒状、串珠状，单个排列。为革兰氏染色阳性，细长、正直或为弯的杆菌，大小为（1.0～3.0）微米×（0.2～0.6）微米。多数菌体末端为圆形，不呈链状排列，偶可形成分支。不形成芽孢，无荚膜、无运动性。本菌具有抗酸染色的特性，用抗酸性染色后菌体呈红色，而非抗酸性细菌则被染成蓝色或绿色，这一特性可用于本病的诊断。

［流行病学］

患病的鸭、鹅、鸡在一起饲养时，可以互相传染。各种年龄的鸭均可感染，因本病的病程发展慢，所以多数在老龄淘汰或屠宰时才发现。因此，本病多发于成年鸭和种鸭。所有的鸟类都可感染禽结核。家禽比野禽易感。鸭、鹅、天鹅、孔雀、鸡、火鸡、鸽、鹦鹉、金丝雀等均能感染。传染来源为病禽。从病禽肠道的溃疡性结核病变排出大量结核杆菌，污染饲料、饮水、土壤、垫草等，健康鸭、鹅采食后，经消化道侵入而感染。吸入带菌的尘埃经呼吸道也可感染。病禽与健禽同群饲养，可将结核病散播开。人在传染结核病上也起一定的作用。人可以通过鞋底污染有病禽的粪便，从一地传播到另一地。此外，用具、车辆等亦可传播细菌。据推测，家禽和野禽，尤其是与水禽的相互接触，亦有互相传染的可能性，特别是放牧鸭群或鸭场处于野禽栖息的湖泊水源附近，接触机会多而易被传染。本病主要发生于成年与老龄鸭或鹅，因本病的潜伏期较长，约2个月以上，加之成年鸭、鹅多放牧，与病原菌接触机会增多。幼龄者多舍饲，较少感染致病。

［主要症状］

本病无特征性症状。感染初期看不到任何症状，随着病理变化加剧，鸭表现委顿，贫血，消瘦，不愿下水，产蛋率下降或停产。患鸭所产的蛋受精率与出雏率均较低。

［病理变化］

剖检变化的特征是病禽消瘦和在内脏器官出现黄灰色干酪样结节，结节可能是单个的或呈多发性的。结节易切开，无钙化。结节切面见有坚实的纤维素包囊，且包囊上附有多少不等的黄色、坏死性碎片。肝脏最常受侵害，分布针尖或豌豆大小不等的结节，多则盖满脏器表面。其次为脾、肺和肠道。心包炎、气囊炎、骨骼与骨髓亦有发生。

［诊断要点］

1. 样本采集 本菌广泛存在于自然界，一般存在于污染的禽舍、空气、饲料、用具以及工作人员的靴鞋等处，在机体中分布在各个器官的病灶内。

2. 直接镜检 镜检是本病最可靠的诊断依据。用萋—尼氏法做抗酸染色，镜检呈红色的细菌为抗酸菌，其他细菌为蓝色。菌体为棒状、串珠状，单个排列，偶尔成链，有时分支，不形成芽孢，无鞭毛，不运动。涂片亦可用金色胺染色，荧光显微镜下检查。涂片固定后，加入金色胺溶液（金色胺0.1克、5%石炭酸水溶液100毫升），不加温，染色30分钟，水洗，用盐酸酒精（95%酒精1 000毫升，纯盐酸4毫升，氯化钠0.04克）脱色，水洗，复染后即可观察结果。在荧光显微镜暗视野中，如发现有黄色或银白色明亮的条状影，即为抗酸

菌。用荧光法检查，虽其阳性率比抗酸染色法高，但结核菌与易被金色胺染色的许多物质不易鉴别。

3. 分离培养 初次分离时，可用罗文斯坦—钱森二氏培养基做培养。

4. 动物接种 这是分离结核菌最可靠的方法，阳性检出率一般比直接培养法高。通常用豚鼠做试验，标本一般做皮下接种，剂量为1.0～1.5毫升，每份标本最好接种2～3只豚鼠。病死者或经4～6周不死者，均应剖检，观察病变，并取病变组织直接接种在罗文斯坦—钱森二氏培养基斜面上，做分离培养，检出率高。

[防治措施]

当鸭群特别是种鸭发现有结核病时，采用药物治疗已无任何意义，必须立即采取有效的防制措施以防传染。

1. 蛋用鸭或产蛋鸭群中出现病鸭应及时处理（焚烧或掩埋），防止小鸭群与之接触。

2. 禁止在放养过病鸭或投掷过病死鸡或鸭内脏的池塘放鸭。

3. 养鸭的用具要彻底消毒。鸭舍或运动场地面要及时清除粪便，并用火碱水喷洒消毒。如为泥土地面，则宜铲去一层表土，再更换新土。

4. 如果鸭群不断出现结核病鸭，应更新鸭群或淘汰消瘦老鸭。

第九节 鸭伪结核病

鸭伪结核病是由伪结核耶尔森氏杆菌引起的一种以急性败血症和慢性局灶性感染为特征的接触型传染病。

[病原]

本病的病原体为伪结核耶尔森氏杆菌或伪结核巴氏杆菌，是肠杆菌科、耶尔森氏菌属的成员。菌体呈多型性，可见到杆状、球状和长丝状等，一般情况下多见到革兰氏阴性小杆菌，两端钝圆，球形菌常呈两极染色。无芽孢和荚膜，当在低于20～30℃下生长时，可见到单个杆菌周边出现鞭毛。

[流行病学]

本病可发生于鸭、鹅、火鸡、鸡、珍珠鸡以及一些鸟类特别是幼禽，也可发生于多种哺乳动物和豚鼠、小鼠、家兔、猴等实验动物。刘尚高（1986）曾报道，1985年在北京郊区某麻鸭群暴发本病，发病率为22.7％，死亡率为13.6％。本病的传染和传播主要是由于病禽或哺乳动物的排泄物污染土壤、食物或饮水而经消化道、破损的皮肤或黏膜进入血液引起败血症。应激因素如受寒、饲养不当、寄生虫侵袭等均可加重病情。

［主要症状］

症状的变化相当大。在最急性的病例中，看不到任何症状突然死亡。病程稍慢者可见病鸭精神沉郁，食欲不振或完全废绝。羽毛颜色暗淡而松乱。病鸭衰弱，两腿发软，行走困难，喜蹲卧，缩颈，低头，眼半闭或全闭，流泪。呼吸困难，常伴有腹泻。病后期精神委靡、嗜眠、便秘、消瘦、极端衰竭和麻痹。

［病理变化］

早期死亡的病例，仅见肝、脾肿大及肠炎变化。病程稍长的病例，其主要病变是肝、脾、肾肿大，表面均见有粟粒大小的黄白色坏死灶。这种结节也发生于肺。肠壁增厚，黏膜充血或出血。气囊壁增厚，或有大小不等的坏死灶。心内、外膜出血，心包积液。腹腔内常有腹水。

［诊断要点］

1. 病原分离鉴定

（1）标本采取　对急性病例要采取血液检查，慢性病例可取病变组织检查细菌。

（2）直接镜检　将混有黏液、血液、黏膜的粪便标本或病变肠段的黏膜及其淋巴结做直接涂片数张，萋—尼氏抗酸染色法染色，镜检发现抗酸阳性菌。此结果具有肯定意义。本菌有周期性排菌的特性，镜检为阴性，也不可排除本病，应间隔反复几次粪检，以提高检出率。本菌呈多型性，但多数为棒状小杆菌，长0.5～1.0微米，宽0.2～0.5微米，革兰氏染色阳性。在病料标本或培养基上，常成丛排列，无运动力，无芽孢。

（3）分离培养　取粪1～2克，加入生理盐水40毫升充分混匀，用4层纱布滤过，滤液中加入等量的含有10%草酸和0.02%孔雀绿水溶液，混匀，置于37℃水浴中30分钟，取出经3 500～5 000转/分离心30分钟，去上清液，将沉淀物接种于马铃薯汤培养基上，置于37℃中培养，并制作涂片，镜检。

2. 血清学检查　常用的方法如凝集反应、血凝反应（包括血凝溶血反应）、絮状反应、补体反应、琼脂扩散试验、荧光抗体检查、对流电泳等。其中以补体反应和荧光抗体检查较好。

［防治措施］

1. 预防　本病尚无有效疫苗预防，只是采取一般预防措施，如严格消毒和清洁卫生，对发病鸭只要及时隔离、淘汰等。

2. 治疗　可采用本病原敏感的药物如磺胺-5-甲氧嘧啶进行防治，喂药量按0.05%～0.2%混于饲料，或其钠盐则按0.025%～0.05%混于饮水。连用3～4天，可迅速控制疫情的发展。

第十节　种鸭魏氏梭菌性坏死性肠炎

种鸭魏氏梭菌性坏死性肠炎是由魏氏梭菌引起种鸭的一种急性非接触性传染病。

［病原］

鸭坏死性肠炎的病原是A型或C型魏氏梭菌（又称产气荚膜梭状芽孢杆菌）。A型和C型菌株所产生的α毒素以及C型菌株产生的β毒素是直接致病的因素。本菌广泛存在于自然界中，厌氧菌，革兰氏染色阳性，两端粗大、钝圆，单个存在，或成双排列，能产生荚膜，不易见芽孢，无鞭毛，大小为（0.8～1.0）微米×（4～8）微米。

［流行病学］

本病主要发生于种鸭，很少见于小鸭。雌雄同样敏感。一年四季均可发生，但在晚秋和冬季多发，春、夏发病率显著减少。在一些饲养管理条件不良以及一些应激因素的影响下易发本病。在邻近患病鸭舍的种鸭和在流经病鸭群圈舍的下游水源的鸭也易传播。

［主要症状］

蛋鸭群患病后，产蛋急剧下降。病鸭衰弱，不能站立。这些病鸭常是公鸭蹂躏伤害的对象。常见头部、背部与翅羽毛脱落，排粪减少或无。病鸭突然死亡，死亡率可低于1%，但亦可高达40%。

［病理变化］

肠管褪色和肿胀，十二指肠和空肠部分暗红色，空肠后部和回肠前部相邻处剧烈臌胀并呈苍白，易破裂，内含多量清液或血染液体。有的病例内含物呈黄色颗粒样碎块。病程较久者，则在肠道黏膜发生黄白色的坏死。坏死物紧紧地贴附于肠壁，尤以回肠后部为甚。另在母鸭的输卵管中，常见有干酪样物质堆积。

［诊断要点］

本菌对营养要求不严格，在葡萄糖血清琼脂平板、普通琼脂平板或色氨酸磷酸琼脂平板上，经37℃厌氧培养24小时，可形成圆形盘状较大菌落，菌落表面有放射性条纹，边缘呈锯齿状，灰白色、半透明，外观形似“勋章”样。血琼脂平板上形成绿色溶血环，有时形成双溶血环。能分解糖，产酸产气，不分解菊糖、甘露醇及杨苷，产生硫化氢。最后对分离菌做动物回归试验，以验证其致病性。

［防治措施］

不良的饲养管理条件尤其是水源污浊是造成发病的重要应激因素。因此，注意改善饲养管理条件，改善环境卫生，特别是游泳的水源要保持流动，严禁生活污水混入。

第十一节　鸭细菌性关节炎综合征

鸭细菌性关节炎综合征是由不同种微生物引起的一种全身或局部感染的急性和慢性疾病。此外，本病常由鼠伤寒沙门氏菌感染所致，故而在公共卫生上也具有一定的意义。

［病原］

本病由多种细菌引起，如大肠杆菌、金黄色葡萄球菌、链球菌、鼠伤寒沙门氏菌、假单胞菌、滑液囊支原体等，其中金黄色葡萄球菌较为常见。

［流行病学］

本病多发生于肉鸭、育成鸭和种鸭，雏鸭较少发生。鸡、火鸡、鸽、鹅等也可发生，没有明显的季节性。疾病传染来源是病鸭和带菌鸭，与饲养管理和生产方式也有关。本病的感染途径主要有2个，一是经消化道感染，如正常鸭群在户外散养或放养，卫生条件差，饲料污染，常是鼠伤寒沙门氏菌感染的条件；二是局部感染，皮肤擦伤或抓伤使葡萄球菌、链球菌、假单胞杆菌以及鸭疫里默氏杆菌等细菌侵入。发病年龄以育成鸭和种鸡以及填鸭多发，这和体重有一定的关系。日龄短，体重大，皮肤细嫩，易擦伤脚掌而引起局部感染。如果为继发感染则出现于鸭副伤寒（病原主要为鼠伤寒沙门氏菌）、鸭传染性浆膜炎（病原为鸭疫里默氏杆菌）等全身感染之后，则患病年龄2～4周龄小鸭皆可发生，国外报道多发生于屠宰肉鸭。

本病可经蛋垂直感染或出壳后感染而成为带菌者，当有适当的应激条件而发病并继发关节炎。

［主要症状］

患鸭明显症状是关节发生不同程度的炎性肿胀，以跗关节多见。发病关节表现为紫红色，肿胀局部发热，初期有波动感，久之发硬，肿胀关节有痛感。鸭不敢走动或跛行，影响食欲和采食，最后衰竭而死。

［病理变化］

被感染的跗关节局部常因关节囊蓄积有大量渗出物而肿大，但也可因关节周围软组织的炎症以及同时发生腱鞘炎而肿胀。如果关节炎局限于髓关节或膝关节，则肿胀常被肌肉覆盖，不易发现。渗出物为混浊和呈纤维素性或脓性，也常见混有血液呈淡红黄色，久之蓄积物呈灰黄色干酪样。

［诊断要点］

从有炎症的关节采取病料进行细菌分离。本病病原比较复杂，可由多种细菌引起，但主要是鼠伤寒沙门氏菌和金黄色葡萄球菌，其次有大肠杆菌（血清型以O78占优势）、链球菌属和假单胞菌属等。但究竟是以哪一种细菌为主或易发，这要根据本病的病理变化来决定。

［防治措施］

1. 预防　本病的发生与饲养管理有密切的关系。搞好鸭场的清洁卫生，定期和经常做好消毒工作，及时清除粪便并进行有效的处理，以减少场内外细菌的数量，避免鸭只皮肤受损伤。种鸭场要做好种蛋以及孵化场的清洁和消毒工作，防止本菌的垂直传播。采用网上育雏与“全进全出”的饲养制度，即整批进整批出，该群饲养期间不得引进新的鸭只，并于离开圈后立即进行彻底消毒。饲料不得有沙门氏菌的污染，尤其是鱼粉或肉粉。此外，注意运动场地和放牧路线地面平整，不得用煤灰渣等尖锐废物垫地面，以免刺伤脚掌而引起感染。

2. 治疗　应根据所分离的细菌以及药敏试验结果而选择治疗药物。一般使用广谱抗生素、该鸭群少用或从未用过的抗生素，也可采用2～3种抗生素联合用药。有条件的可分离细菌做药敏试验。

第十二节　鸭衣原体病（鸟疫）

鸭衣原体病又称鹦鹉热或鸟疫，是由鹦鹉热衣原体引起的一种急性或慢性接触传染性疾病。本病常呈无症状感染，但在有并发症和逆境条件下可引起严重疾病和较高死亡率，造成经济上的损失。

［病原］

本病的病原体属于衣原体目、衣原体科、衣原体属的鹦鹉衣原体。属专性细胞内寄生物，在分类中它们的位置是介于立克次氏体和病毒之间。只能在活细胞内繁殖。常用鸡胚卵黄囊分离衣原体。在感染宿主细胞内有原生小体，是一种小而致密的球形体，直径为0.2～0.3微米，不运动，无鞭毛、菌毛，膜壁上无胞壁酸，但含有脂多糖。鹦鹉衣原体对低温的抵抗力较强，而对热较敏感，在室温下很快失去传染性。在禽类粪便中可存活数月。70%酒精、0.5%碘酊和3%的过氧化氢溶液，几分钟即可将其杀死。

［流行病学］

鸭的衣原体一般毒力较低，在禽类衣原体中属低毒力株，在鸭群中很少造成流行暴发。本病常呈现无症状感染，但在逆境条件下如饲养密度过大、通风不良、受寒、营养不良，特别是在有其他感染并发的情况下易造成流行。不同年龄的鸭对病原体的易感性不同，一般幼龄鸭较成年鸭易感。衣原体传染给鸭和在鸭之间的传播主要是通过空气途径经呼吸道而感染。病原体也可通过蛋传播。目前，已知有130种鸟类是衣原体的携带者，这对养禽业和人类健康是一个潜在的威胁，务必引起重视。

［主要症状］

临床症状仅见于雏鸭，可从1日龄至3周龄的小鸭。较大或成年鸭可成为病原的携带者或血清学阳性反应鸭。急性幼龄鸭发生颤抖，步态不稳，食欲废绝或发生腹泻，粪便呈绿色水样，在眼和鼻孔周围具有浆液性或脓性分泌物，眼周围羽毛被粘连结痂或脱落。疾病进一步发展，病鸭发生明显的消瘦和肌肉萎缩，病后期病鸭常在痉挛中死亡。

在饲养管理不良的情况下，病鸭死亡率可超过30％。本病常并发传染性浆膜炎、沙门氏菌病或鸭肝炎等。感染的鸭蛋出雏率下降，1日龄幼雏的死亡率增高。

［病理变化］

常见结膜炎或角膜炎，有时见眼球萎缩和眶下窦炎或鼻炎，肌肉萎缩，全身性浆膜炎如心包炎、肝周炎以及气囊炎和脾脏肿大。后两者在诊断时常是衣原体病的重要指示。肝和脾脏有时见有黄色或灰色的坏死灶。眼和鼻孔周围有渗出物结痂，鼻腔和气囊内有多量黏稠的分泌物。胸腔、腹腔、心包腔和气囊有多量轻度混浊的炎性渗出液，其内有纤维蛋白絮片。

［诊断要点］

1. 标本的采取 有症状或有病变的部位是最适合的取样材料。如气管分泌物，肠炎病例取肠道黏膜或内容物，气囊炎病例取变厚的气囊和渗出物，肝、脾炎可取肝、脾，结膜炎可取结膜刮屑或分泌物等。

2. 直接镜检 新鲜渗出物或器官压片胞浆中的鹦鹉热衣原体用姬姆萨氏法染色，在显微镜可检出。

3. 病原分离和鉴定 用于分离鹦鹉热衣原体的实验动物是鸡胚、小鼠或豚鼠。也可用细胞培养。

（1）鸡胚接种 衣原体的所有菌株均能在发育鸡胚卵黄囊中分离和繁殖。受感染的鸡胚常在5～12天内死亡，胚胎和卵黄囊表现出血或充血。如将卵黄囊制成抗原，在补体结合（CF）试验中能与衣原体阳性抗血清起反应，可确认卵黄囊已受衣原体感染。

（2）小鼠和豚鼠 来源于禽类的鹦鹉热衣原体，无论以脑内、鼻腔内或腹腔内途径接种，均能在幼龄小鼠中分离和繁殖。根据接种病菌的数量和毒力，小鼠可在5～15天内出现衣原体感染的典型症状，病变强毒菌株能引起严重的全身性感染。小鼠竖毛、厌食、呆滞，在5～7天内死亡。剖检可见器官充血，尤其是肺、肝、脾肿大，表面可覆盖一层纤维蛋白及胸腹腔积有脓性渗出物。所有这些渗出物以含有大量单核细胞为特征，其中很多细胞的胞浆内有衣原体。如衣原体的毒力较弱，则小鼠可不死亡。

来源于禽类的强毒致死性菌株可用豚鼠分离。因为这种动物对少量衣原体的生长比鸡胚更为易感。

（3）细胞培养　来源于禽类的衣原体菌株能适应并在鸡胚原代细胞培养物或小鼠传代细胞培养物中生长良好。

4. 血清学检查　检测衣原体病抗体的血清学方法较多，最常用的方法是补体结合试验、酶联免疫吸附试验、琼脂免疫扩散试验和间接血凝试验等。

[防治措施]

1. 预防　在预防鸭衣原体病时，对孵化的种蛋必须是无衣原体的，即来自无病群的蛋。在饲养场内的雏鸭应避免与其他禽类接触。

2. 治疗　根据衣原体对抗菌药物的敏感性，可选择金霉素、氟苯尼考等治疗，可收到良好的防治效果。也可用纯土霉素粉按饲料量的0.2%拌料，每天2次，连喂4天。

第十三节　雏鸭念珠菌病

本病又称消化道真菌性感染、念珠菌口炎、霉菌性口炎、念珠菌病、碘霉菌病。

[流行病学]

本病主要见于鸡、火鸡、鹅、鸽、野鸡，鹌鹑和松鸡亦有发病。鸭很少有报道发生本病。幼禽的易感性和死亡率较高。本病主要通过消化道感染，亦可通过蛋壳感染。不良的卫生条件和使机体抵抗力致弱的因素都可诱发本病，或发生继发感染。过多地使用抗菌药物，易引起消化道正常菌群的紊乱，也可诱发本病。

[主要症状]

小鸭发育不良，被毛松乱，精神不振，不愿活动，常群聚一起。病鸭呼吸急促，频频伸颈张口，呈喘气状，时而发出咕噜声，叫声嘶哑，濒死时抽搐。

[病理变化]

剖检可见尸体消瘦，口、鼻腔有分泌物，口、咽、食道黏膜增厚，形成白色或灰色伪膜或溃疡状斑，常波及腺胃。胸、腹气囊混浊，常有淡黄色粟粒状结节。

[诊断要点]

1. 直接镜检　取病变部的棉拭子或刮屑、痰液、渗出物等做涂片，可见到革兰氏染色阳性，有芽生酵母样细胞和假菌丝。

2. 分离培养 将病料划线接种于培养基上，置室温或37℃培养，然后检查典型菌落中的细胞和芽生假菌丝。

3. 动物接种 试验将病料或培养物制成10%混悬液给家兔肌内注射1毫升，经4～5天死亡，剖检可见肾肿大，在肾的皮质部散布许多小脓肿。

［防治措施］

平时加强卫生管理，防止潮湿，保持通风、干燥的环境。避免过多地使用抗菌药物，以免影响消化道正常细菌区系。避免产生继发感染或使机体衰弱的一些应激因素。药物治疗可用制霉菌素，按每千克饲料加0.2克药，每天1次，连用2～3天即可。

第十四节　鸭曲霉菌病

鸭曲霉菌病是鸭的一种常见的真菌病，又名鸭霉菌性肺炎。病的特征是患鸭的呼吸器官中（尤其是肺、气囊及支气管）发生炎症和小结节。多种禽类和哺乳动物均可感染本病。对于鸭，本病主要发生于幼龄小鸭，多呈急性经过，发病率很高，造成大批死亡，成年鸭多为散发。

［病原］

本病主要的病原体是烟曲霉菌，是病原性霉菌中常见的一种。曲霉菌的孢子广泛分布于自然界中。烟曲霉菌可产生毒素，对血液、神经和组织具有毒害作用。黑曲霉、黄曲霉等也具有不同程度的病原性。烟曲霉菌的形态特点是繁殖菌丝的分生孢子柄顶端为膨大的顶囊，呈特征性的烧瓶状，顶囊上的小梗产生球形或类球形分生孢子，呈串珠状，在顶囊上呈放射状排列。孢子呈灰绿色或蓝绿色。曲霉菌对物理及化学因素的抵抗力极强。120℃干热1小时或煮沸5分钟可将其杀死。2%苛性钠、0.05%～0.5%的硫酸铜、2%～3%的石炭酸、0.01%～0.5%的高锰酸钾处理短时间内不能使其死亡，而5%甲醛、0.3%的过氧乙酸及含氯的消毒剂，需要1～3小时方能杀死本菌。

［流行病学］

各种家禽和野生禽类对曲霉菌都有易感性，特别是幼龄禽类则更易感染患病。主要的传染来源或传播途径是被曲霉菌污染的垫草和饲料。当温度和湿度适合时，曲霉菌大量增殖，可经呼吸道感染鸭或鹅以及其他禽类。本病亦可经被污染的孵化器传播，当小鸭或小鹅孵出后1日龄即可患病，出现呼吸道症状。当饲养管理不善，饲料粗劣，营养不全，尤其是缺乏维生素A和维生素B_1，育雏室潮湿、不卫生和通风不良，饲养密度过大，饲料和垫草霉变时容易造成本病的发生和流行，死亡率可达 40%～100%。在被霉菌污染的环境里，鸭只带菌率很高，如转移环境，带菌率下降以至消失。

［主要症状］

自然感染的潜伏期为 3～10 天，人工感染为 24 小时。幼鸭发生本病常表现为急性型，日龄较大的幼鸭及成年鸭呈个别散发，死亡率低，病程较长。急性型病例发生很急，几天内能引起全群发病。病初体温无变化，但精神沉郁，缩颈嗜眠，不喜活动，不愿游水，常蹲在一边不动。与此同时，食欲减退或完全废绝，好饮水，两眼常有透明泪水流出，鼻孔有浆样鼻液，有时咳嗽，有时摆尾，粪便稀薄，初带白色，其后很快变为铜绿色粪汁。症状逐渐严重，完全废食，羽毛失去光泽，体重急剧下降，并发展为下列较为突出的症状：

1. 头部水肿　30%～40%的病鸭，头、眼睑和上颈部均发生明显水肿。

2. 两眼病变　多发生于一侧，流泪和透明水样液，眼结膜囊内有灰白色或黄色干酪状物阻塞，角膜混浊，逐渐失明。

3. 口腔内有白喉样膜状物　于口角、咽喉等处均可见附有较厚的灰白色或黄色伪膜状物，剥离后常见有出血烂斑。

4. 呼吸道症状　病鸭常发咳嗽，单咳一声或连咳数声不止，每分钟呼吸 30 次以上。当呼吸困难时，病鸭将头向上伸直，口张开，用力吸气，并发出格格叫声和粗大喘鸣声，在十数步之外都能听到。

5. 跛行　此为慢性病型主要症状之一，约占 10%，以左脚发病较多，也可发生于两脚。病鸭患肢不能重负，行动困难，以至出现跛行，严重者将患肢向后伸直，拖地而行，趾间膜收缩，针刺无痛感。如发生于两脚时，则见两脚均向后伸展，张开两翅，俯伏地上鼓翅前进。

6. 濒死　病鸭一般经 3～4 天死亡，临死时头颈向上后方弯曲，两脚向后方伸直，全身痉挛，2～3 分钟死亡。也有的用力鼓动两翅，头向后仰，在地上旋转数圈而死。少数慢性病例则拖延数 10 天瘦弱死亡。

［病理变化］

本病的病理变化在相当程度上取决于曲霉菌传染的途径和侵入机体的部位，其发生的病变或呈局限性，或呈全身性。主要特征是肺及气囊发生炎症，也可发生于鼻腔、喉头和气管。

1. 皮肤病变　头颈部、两翅和尾部皮肤都有暗红色出血斑，切开头颈部皮下有黄色胶样浸润，全身皮下和肌肉出血，口腔内和左右两颊部黏膜均有灰白色或黄色的鼓皮状伪膜附着，剥离后常见出血或烂斑。

2. 呼吸道病变最明显　大部分病例都在鼻黏膜上覆盖有浓厚的污灰色坏死

伪膜或黄色伪膜，将鼻道完全阻塞，伪膜剥离后鼻道黏膜呈弥漫性出血，喉头出血，也有坏死伪膜附着。气管的病变也很特殊，气管上部黏膜严重出血，并有3～4个圆形、灰白色或稍带黄色膜状物生长其上，难以剥离。部分病例气管中部或下部严重出血，并有数个同样的灰白色、圆形膜样物生长。此外，还有少数病例的全部气管均发生此种病变，或在气管外侧生长灰白色、圆形膜状物和圆形结节状物。肺和胸腔以及气囊中有结节状物和霉菌团生长，是本病最可靠的诊断依据。其特异之处，在左、右肺的边缘与胸膜相连接的部分，有黄白色、高粱粒大或黄豆大的结节状物，质地较硬，与干酪相似，少者数个结节相连，多者十多个结节聚集发生，常与周围肺组织密接而不易分离。在初发病例，此种结节周围的肺组织呈鲜红晕圈。此外，肺表面失去光泽，常有出血斑或灰白色病灶。霉菌团集结常发生于体腔内气囊中和胸膜腔浆膜上，或胃和肠管浆膜上，常为灰白色或浅蓝色、稍带黄色的圆形、不正圆形、蕈子形、纽扣状的霉菌集落，其大者有蚕豆大，小者也有黄豆或高粱粒大，并有相当厚度，质硬如橡胶状，与周围组织密连生长，很难分离。

3. 其他脏器的病变也很严重 心外膜出血，严重者整个心外膜都呈暗红色出血。食道和臌大部常发现有鼓皮状膜附着于黏膜上，但容易剥离。腺胃黏膜常有出血烂斑，或与肌胃交界处发生大小不同的出血溃疡。小肠、直肠黏膜出血。脾出血病例也很多。肝质脆弱，呈古铜色，有中等程度脓肿。胆囊肿大，充满深绿色胆汁。肾无变化。

[诊断要点]

1. 标本采取 主要采取病灶的霉菌结节或霉菌斑。

2. 直接镜检 标本置于载玻片上，加20%氢氧化钾溶液1～2滴，混匀，加盖载玻片，镜检可见典型的曲霉菌，即大量霉菌孢子，并有多个菌丝形成的菌丝团。分隔的菌丝排列成放射状，直径为7～10毫米，向另一个方面呈45°角分支。在病变组织切片中找到本菌，诊断即确立。

3. 分离培养 取肺组织典型标本点播接种于萨布罗琼脂平板培养基上，37℃培养36小时后，出现肉眼可见中心带有蓝绿色、稍凸起、周边呈散射纤毛样无色结构的菌落，背面为奶油色，直径约7毫米，有霉味。培养至第五天，菌落直径可达20～30毫米，较平坦，背面为奶油色。镜检可见典型霉菌样结构，分生孢子头呈典型致密的柱状排列，顶囊呈倒立烧瓶样。菌丝分隔。孢子呈圆形或近圆形，呈绿色或淡绿色，直径为1.5～2.0毫米，有刺。

4. 动物试验 取3日龄雏鸡4只，以本菌分生孢子生理盐水悬液注入胸、气囊，0.1毫升/只，经72小时，试验组全部死亡，剖检病变与自然死亡相同，并从标本中分离出本菌。而对照组4只，全部健活。

［防治措施］

1. 防止本病发生最根本的办法是贯彻“预防为主”的措施。加强饲养管理，搞好环境卫生，保持鸭舍通风良好，防潮湿，不用发霉的垫草和禁喂发霉饲料，是预防本病的重要措施。

2. 本病无特效疗法，可试用制霉菌素气溶胶吸入，有较好的防治效果；或在饲料中拌入制霉菌素，按每 80 只雏鸭 1 次用 50 万国际单位，每天 2 次，连用 3 天进行防治。口服碘化钾有一定的疗效，每升饮水加碘化钾 5～10 克。还可将碘 1 克、碘化钾 1.5 克溶于 1 500 毫升水中，进行咽喉注入。

第四章　寄生虫病

第一节　原 虫 病

一、鸭球虫病

鸭球虫病在我国主要是由毁灭泰泽球虫和菲莱氏温扬球虫引起的鸭的一种寄生虫病。毁灭泰泽球虫的危害性严重。本病急性暴发时可引起很高的死亡率，耐过病鸭生长受阻，增重缓慢，对养鸭业危害甚大。

［病原］

鸭球虫属直接发育型，不需要中间宿主。各种年龄的鸭均有易感性，且只感染鸭而不感染其他禽类。1月龄左右的鸭最易感，发病严重，死亡率高。饲料、饮水、土壤、用具及饲养管理人员都可能会携带卵囊而造成传播。

［主要症状］

急性型在感染后第4天出现精神沉郁、缩脖、不食、喜卧、渴欲增加等症状，排暗红色或深紫色血便，多于第四五天急性死亡，第6天以后病鸭逐渐恢复食欲，死亡停止。发病率为30％～90％，死亡率20％～70％。耐过的病鸭，生长受阻，增重缓慢。慢性型一般不显症状，偶见有腹泻，成为散播鸭球虫病的病源。

［病理变化］

急性型呈严重的出血性、卡他性小肠炎。剖检可见小肠肿胀、出血，十二指肠有出血斑或出血，内容物为淡红色或鲜红色黏液。卵黄囊柄两侧肠黏膜病变尤为明显，严重肿胀，黏膜上密布针尖大的出血点，有的见有红白相间的小点，有的黏膜上覆盖着一层糠麸状或奶酪状黏液，或有淡红或深红色胶冻状血性黏液，未见形成肠芯。

［诊断要点］

从病变部位刮取少量的黏膜，放在载玻片上，用生理盐水1～2滴调和均匀，加盖玻片用高倍镜检查；或取少量黏膜做成涂片，用瑞氏或姬氏液染色，在高倍镜下观察，如见有大量的裂殖体和裂殖子即可确诊。

［防治措施］

1. 预防

（1）加强卫生管理，鸭舍应保持清洁干燥，定期清除粪便，饮水和饲料防止鸭粪污染，经常消毒用具，定期更换垫草。

（2）在球虫病发生和流行季节，可在饲料中添加抗球虫药，对防治球虫病的发生有很大作用。

2. 治疗

（1）磺胺六甲氧嘧啶（SMM） 按0.1%比例混入饲料中，连喂3～5天。

（2）磺胺甲基异噁唑（SMMZ） 按0.02%～0.1%比例浓度混入饲料，连喂3～5天。

（3）球痢灵 按0.005%均匀混料，连喂3～5天。

（4）广虫灵 按每千克饲料中加入100～200毫克，均匀混料，连喂5～7天。

二、隐孢子虫病

鸭隐孢子虫病是由隐孢子虫科隐孢子虫属的贝氏隐孢子虫寄生于鸭的呼吸系统、法氏囊和泄殖腔内所引起的一种原虫病。

［病原］

贝氏隐孢子虫呈世界性分布，是一种多宿主寄生原虫。在我国发现于鸡、鸭、鹅、火鸡、鹌鹑、孔雀、鸽、麻雀、鹦鹉、金丝雀等禽类体内。孢子化的卵囊随受感染的宿主粪便排出，鸭经消化道、呼吸道感染。贝氏隐孢子虫不需要在外界环境中发育，一经排出便具有感染性。

贝氏隐孢子虫主要危害雏鸭，成年鸭则可带虫而不显症状。发病无明显季节性，在卫生条件较差的地区容易流行。

［主要症状］

患病鸭表现为精神沉郁，食欲下降，张口呼吸，伸颈，胸腹起伏明显，气喘，咳嗽，声音嘶哑，可闻喉鸣音，严重者声音消失。双侧面部、肛下窦肿大。

［病理变化］

鸭贝氏隐孢子虫病感染是一种以呼吸道和法氏囊上皮细胞增生、炎性细胞浸润为特征，引起细胞增生性气管炎、支气管肺炎和法氏囊炎的寄生性原虫病。泄殖腔、法氏囊及呼吸道黏膜上皮水肿，气囊增厚，混浊，呈云雾状外观。双侧眶下窦内含黄色液体。

［诊断要点］

采用卵囊检查及病理组织学方法，取气管、支气管、法氏囊做病理组织学切片，在黏膜表面发现大小不一的虫体可确诊。

［防治措施］

目前尚无切实有效的药物。因此，控制隐孢子虫病的流行，只能从加强饲养管理和环境条件，增强机体免疫力入手。饲养场地和用具等应经常用热水或5%氨水或10%福尔马林消毒。粪便污物定期清除，进行堆积发酵处理。

三、组织滴虫病

组织滴虫病又称盲肠肝炎或黑头病，是火鸡和鸡的一种常见急性传染病，在我国亦发现家鸭发生组织滴虫病。

[病原]

本病病原体是动鞭毛纲单鞭毛科的火鸡组织滴虫。火鸡组织滴虫对外界环境的抵抗力不强，不能长期存活，但当患有本病的病鸡同时有异刺线虫寄生时，此种原虫可侵入鸡异刺线虫体内，并转入其卵内随异刺线虫卵被排到外界环境，由于得到虫卵的保护，能生存较长时间，成为本病的感染源。此外，当蚯蚓吞食土壤中的异刺线虫卵时，火鸡组织滴虫可随虫卵生存于蚯蚓体内，鸭吞食了这种蚯蚓被感染。因此，蚯蚓在传播本病方面也具有重要作用。在急性暴发流行时，病鸭粪中含有大量病原，污染饲料、饮水和用具及土壤，健康鸭食后便可以感染。病鸡也是重要的传染源。雏鸭对本病易感性最强，患病后死亡率也最高。成年鸭感染本病后临床症状不明显，成为散播病原的带虫者。

[主要症状]

病鸭精神沉郁，食欲不振或废绝，羽毛粗乱、无光泽，身体蜷缩，怕冷，嗜睡，拉黄白或黄绿色稀粪，粪便中常带血。

[病理变化]

本病的病变主要局限在盲肠和肝脏。急性病例可见盲肠肿大数倍，肠壁肥厚、坚实、如香肠样，肠壁上有较多的直径为2～3毫米的圆形溃疡灶，肠内容物干燥、坚实，变成一段干酪样的凝固栓子堵塞在肠腔内，把栓子横断切开，可见切面呈同心层状，中心是黑红色的凝固血块，外面包裹着灰白色或淡黄色的渗出物和坏死物质。肝脏肿大并出现特征性的坏死灶，即呈圆形或不规则形，中央稍凹陷，边缘微隆起，呈淡黄色或淡绿色，针尖大、豆大至指头大，散在或密布于整个肝脏表面。

[诊断要点]

从病变的盲肠肠芯和肠壁之间，刮取少量样品置载玻片上，加少量（37～40℃）生理盐水混匀，加盖片后，镜下检查即可。

[防治措施]

1. 预防

（1）做好环境卫生和饲养管理工作，鸭舍保持干燥、清洁。鸭舍地面用3%苛性钠溶液消毒。

（2）鸭群中发生了本病，应立即将病鸭隔离治疗。

（3）必须将雏鸭和成年鸭分开饲养，同时应注意不能与鸡混养。

2. 治疗 甲硝哒唑（灭滴灵）：按每千克体重250毫克混料饲喂，并结合人工灌服1.25%悬浮液，每只1毫升，每天3次，3天为1个疗程，连用3～5个疗程。

第二节 绦虫病

膜壳绦虫病

膜壳科绦虫是鸭体内最常见并且危害最严重的一类绦虫，主要寄生于鸭的小肠内，引起鸭贫血、消瘦、下痢、产蛋减少或停止。对幼鸭危害尤其严重，重度感染时可引起雏鸭成批死亡。

[病原]

鸭膜壳绦虫病流行于世界各地，尤其是放牧鸭群感染率高，感染强度大，危害极严重。各种膜壳科绦虫发育的中间宿主为淡水甲壳类、淡水螺或其他无脊椎动物。

[主要症状]

膜壳科绦虫吸盘或吻突上的钩或棘对鸭肠壁引起机械损伤，虫体产生的毒素致鸭体中毒。患鸭病情的轻重主要取决于绦虫的感染量、饲养管理条件的好坏、机体抵抗力的高低和鸭的年龄等因素。轻度感染一般不呈现明显的临床症状，严重感染患鸭精神沉郁、食欲不振、渴感增加、排灰白色或淡绿色稀粪。随着病情的发展，患鸭生长发育受阻，体重明显下降，羽毛松乱，离群独处，不喜欢活动。当鸭群出现并发症时，死亡严重。

[病理变化]

小肠黏膜充血、出血，出现明显的炎症反应。肠腔内有虫体，有些病例有大量虫体阻塞肠腔，致使肠扭转甚至破裂，也可见到脾脏、肝脏和胆囊增大。

[诊断要点]

可用水洗沉淀法检查虫卵或用饱和盐水漂浮法检查虫卵。检查到虫卵是确诊最可靠的方法。

[防治措施]

1. 预防

（1）防止鸭吞食各种类型的中间宿主，用化学药物杀灭（或控制）中间宿主。

（2）将成鸭与幼鸭分群饲养，推广幼鸭舍饲，保证水源不被污染或者在远离水源处饲养。

(3) 利用河流、湖泊等安全水源放牧。对污染水池应停止1年以上，方可放牧。

(4) 经常清除和处理粪便，防止中间宿主吃到绦虫卵或节片。

(5) 对成年鸭每年进行两次预防性驱虫：第一次在春季放牧前，第二次在秋季收牧后。对幼鸭驱虫应在放牧18天后进行，以杜绝中间宿主接触病原，这是控制本病的重要策略。

(6) 新购入的鸭只，必须隔离饲养一段时间并进行粪便检查是否带有绦虫，必要时进行一次驱虫后才可合群饲养。

2. 治疗

(1) 丙硫苯咪唑　按每千克体重20～30毫克，1次口服。

(2) 吡喹酮　按每千克体重10毫克，1次口服。该药对驱除矛形剑带绦虫及普氏剑带绦虫效果极好，是驱鸭膜壳科绦虫的首选药物。

(3) 槟榔、石榴皮合剂　槟榔与石榴皮各100克加水至1 000毫升，煮沸1小时至800毫升。投药量为每只20日龄鸭1毫升，30日龄鸭1.5毫升，30日龄以上鸭2毫升，混入饲料分2天喂服。

第三节　棘头虫病

鸭棘头虫病是由细颈科棘头虫和多形科寄生于鸭小肠内引起的寄生虫病。

[病原]

棘头虫在发育过程中以等足类的栉水虱为中间宿主。鸭的细颈棘头虫在栉水虱体内，由棘头蚴发育为棘头囊。在鸭体内由棘头蚴发育为成虫。大多形棘头虫以甲壳纲、端足目的湖沼钩虾为中间宿主。小多形棘头虫以蚤形钩虾、河虾和罗氏钩虾为中间宿主，鱼类可充当补充宿主；腊肠状棘头虫以岸蟹为中间宿主。鸭吞食含感染性幼虫的中间宿主皆可感染。

[主要症状]

成年鸭的症状不明显。幼鸭感染严重时，精神沉郁，食欲减少或废绝，下痢，粪便带血，患鸭体重下降或生长发育迟缓。

[病理变化]

卡他性炎症，在虫体固着部位出现溢血和溃疡。由于肠黏膜的损伤，容易造成其他病原菌的继发感染，引起化脓性炎症。

[诊断要点]

在粪便检查发现特殊形状的虫卵或在解剖病死鸭小肠中发现大量虫体可

确诊。

［防治措施］

1. 预防

（1）成年鸭为带虫传播者，幼鸭和成年鸭应分群放牧或饲养。在成年鸭放牧过的水田或水塘内，最好不要放牧幼鸭。

（2）在本病流行区域，要坚持对成年鸭和幼鸭进行预防性驱虫。

（3）加强鸭粪管理，防止病原扩散。

（4）加强饲养管理，提高机体的抵抗力。

2. 治疗

（1）硝硫氰醚　按每千克体重100～125毫克，1次投服。该药是治疗本病的首选药。

（2）二氯酚　按每千克体重500毫克拌料，1次喂服。

第四节　吸虫病

一、前殖吸虫病

鸭前殖吸虫病是前殖科前殖属吸虫寄生于鸭的输卵管、法氏囊、泄殖腔或直肠内所引起的疾病。

［病原］

前殖吸虫的发育需要两个中间宿主：第一中间宿主为淡水螺，蜻蜓充当第二中间宿主。本病呈地方性流行，其流行季节与蜻蜓或其稚虫出现的季节一致，主要是每年5～6月份。稚虫聚集到水岸边，并爬上岸变为成虫时，极易被鸭捕食而受到感染。夏、秋雷雨季节，蜻蜓不能飞翔，被鸭吞食而受到感染。我国农村饲养鸭多为放牧式，鸭增加了感染机会而造成普遍流行。

［主要症状］

感染初期症状不显著，母鸭产畸形蛋或产蛋减少。久之患鸭食欲减退，精神委顿，常伏于巢窝内，产蛋停止，常从肛门流出卵壳碎片或类似石灰质、蛋白样液体。腹部常膨大，泄殖腔常突出，肛门边缘高度潮红，被毛污秽或脱落。拖延1～2周死亡。

［病理变化］

前殖吸虫病主要寄生于输卵管处，因而输卵管黏膜严重充血，黏膜表面可发现虫体。输卵管炎症严重时，可能会出现破裂，导致卵子、蛋白质或石灰质落入腹腔，发生卵黄性腹膜炎而死亡。有些病例由于输卵管穿孔，在腹腔内可见软壳蛋或完整的有壳蛋，或外形皱缩、大小不一，内容物变质、变性和变色的卵泡。

[诊断要点]

采用水洗沉淀法检查粪便中的虫卵可确诊。

[防治措施]

1. 预防

(1) 在每年春末、夏初经常检查鸭群，发现病鸭及时驱虫治疗。

(2) 防止鸭吞食蜻蜓或其幼虫，在蜻蜓出现季节，避免清晨、傍晚或雨后到池塘、水田内放牧。

(3) 对鸭粪进行堆肥或其他无害化处理，禁止直接施入水田或池塘内。有条件者可采用化学药物杀灭鸭放牧环境中的淡水螺。

2. 治疗

(1) 丙硫苯咪唑　按每千克体重100～120毫克，1次喂服。

(2) 吡喹酮　按每千克体重60毫克喂服，每天1次，连用2天。

二、环肠吸虫病

鸭环肠吸虫病（亦称气管吸虫病）是环肠科吸虫寄生于鸭气管、支气管、气囊、肺及鼻腔所引起的一种以呼吸困难为特征的疾病。

[病原]

环肠科吸虫中以船形嗜气管吸虫分布最广，致病力最强，对鸭危害最严重，家鸭吞食含有船形嗜气管吸虫囊蚴的螺蛳而受感染。

[主要症状]

鸭病初轻度咳嗽和气喘，后渐加剧，并伸颈张口呼吸，走近鸭群可听到“哈哈”声，严重者则窒息死亡。部分患鸭在躯体两侧伸向颈部皮下发生气肿，颈部皮下气肿形如“鹅颈”，气肿可扩散至胸、背、腹部乃至两腿间，最终窒息而亡。

[病理变化]

从咽喉至肺细支气管出现充血，管腔内积有较多的黏液，在气骨及支气管管壁上可找到很多虫体。

[诊断要点]

剖检患鸭或病死鸭在其气管内找到虫体即可确诊。

[防治措施]

1. 预防

(1) 经常检查鸭群，发现病鸭应及时驱虫治疗。

(2) 对鸭粪进行发酵处理后才能施入水田中，可采用化学药物杀灭放牧环境中的淡水螺。

2. 治疗

(1) 0.1%～0.2%碘液　幼鸭0.5～2毫升或成鸭1.5～2毫升，气管注射，同时用0.2%土霉素饮水，连用2天。

(2) 丙硫苯咪唑　按每千克体重用药10～25毫克，拌料1次喂服。

三、棘口吸虫病

鸭棘口吸虫病为棘口科的多种吸虫寄生于鸭的肠道内而引起的一类疾病。

[病原]

棘口吸虫病在我国家鸭中流行广泛，对雏鸭危害尤为严重。棘口科吸虫的生活发育需以淡水螺作为中间宿主。鸭感染棘口科吸虫系吞食含有棘口科吸虫囊蚴的螺类、蝌蚪和鱼类而引起。一年四季均可感染，但以6～8月为感染高峰季节。

[主要症状]

鸭轻度感染则症状不明显，严重感染则可见家鸭食欲不振或废绝，腹泻，粪中带血，成年鸭体重下降，母鸭产蛋减少，雏鸭生长停滞、贫血、消瘦，严重病例可因极度衰弱和全身中毒而死亡。

[病理变化]

常见虫体吸附在小肠、盲肠或直肠壁上，吸着部的肠黏膜呈点状或块状出血，虫体寄生的肠段黏膜充血，肠腔内积聚多量红黄色的黏液。

[诊断要点]

对疑似病鸭可采集粪便用水洗沉淀法检查虫卵。死鸭采用肠道局部解剖法，发现多量虫体和病变即可确诊。

[防治措施]

1. 预防

(1) 放养雏鸭的池塘，应先杀灭中间宿主，尽量做到不喂含有囊蚴的水草等。

(2) 对病鸭粪先进行堆肥发酵及无害化处理，才能施入水田中，以避免病原散播。

(3) 对放牧鸭群可用丙硫苯咪唑按每千克体重10毫克，每半月进行1次预防性驱虫。

2. 治疗

(1) 丙硫苯咪唑　按每千克体重10～25毫克，拌料1次喂服。

(2) 吡喹酮　按每千克体重10毫克，1次喂服。

四、嗜眼吸虫病

鸭嗜眼吸虫病是嗜眼科吸虫寄生于鸭的眼结膜囊、瞬膜下引起的疾病。

［病原］

5～6 月份和 9～10 月份是螺体内含有成熟尾蚴最多的季节，也是鸭感染最严重的时期，寄生于眼结膜的嗜眼吸虫所产生的卵随眼泪排到外界，遇水即孵出毛蚴，毛蚴遇到中间宿主螺蛳而进入。鸭因吃含有囊蚴的螺蛳而感染。

［主要症状］

嗜眼吸虫主要寄生于鸭眼结膜囊和瞬膜内，虫体机械性刺激和分泌毒素使患鸭发生结膜—角膜炎。本病对幼鸭危害严重。幼鸭初期眼结膜充血，流泪，重症患鸭角膜与瞬膜浑浊、充血，甚至化脓溃疡，眼睑肿大或紧闭，严重的失明而难以进食。患鸭普遍消瘦，流行严重时雏鸭大批因眼疾而难以进食，很快消瘦，最后导致死亡。成年鸭感染后症状较轻，主要呈现结膜—角膜炎、消瘦等症状。

［病理变化］

内脏器官无变化。剖检可见眼内结膜囊瞬膜处有虫体附着。

［诊断要点］

主要根据临床症状并结合剖检患鸭或病死鸭，在其眼内找到虫体即可确诊。

［防治措施］

1. 预防 在饲养鸭的河道沟渠中大力杀灭瘤拟黑螺等螺蛳，消灭传播媒介，杜绝病原散播。在流行区用作鸭饲料的浮萍、河蚬等，应用开水浸泡、杀灭囊蚴后再供鸭食用。

2. 治疗 用 75％～100％酒精滴眼可使嗜眼吸虫吸盘失去吸附能力或虫体被固定死亡，虫体能立即随着泪水而排出眼外。少数寄生在较深部位的虫体可再次用酒精滴眼时驱出。在驱虫后可用红霉素或金霉素眼药水滴眼，以达到消除炎症的目的。

五、后睾吸虫病

鸭后睾吸虫病是后睾科吸虫寄生于鸭肝胆管和胆囊内引起的疾病。

［病原］

后睾科吸虫生活发育过程中需要两个中间宿主，第一中间宿主为淡水螺，第二中间宿主为鱼类。虫卵随宿主粪便排出后散布于水中，螺蛳吞食虫卵后，毛蚴在其体内孵出。毛蚴进一步发育为胞蚴、雷蚴和尾蚴。尾蚴游于水中，遇到鱼则钻入其体内在肌肉中形成囊蚴。家鸭采食含有成熟囊蚴的鱼而受到感染。幼虫在鸭体经 15～30 天发育成熟。我国各地鸭体内均有不同程度的感染。

［主要症状］

由于患鸭胆管和胆囊有虫体寄生，严重影响肝脏正常的生理功能。症状的轻重取决于虫体的数量。主要表现为普遍消瘦，饲料报酬降低，幼鸭生长发育受阻，成年鸭产蛋量降低。患病鸭表现精神沉郁，食欲下降，游走无力，不寻食，缩颈闭眼，离群呆立，羽毛蓬乱，消瘦，排白色或灰绿色水样粪。

［病理变化］

肝脏肿大，表面呈橙黄色，变硬，并可见白色斑点，肝实质非常脆弱，甚至腐败，胆囊肿大，胆囊、胆管内壁粗糙，胆管壁增厚，胆汁浓稠变绿。

［诊断要点］

从粪便发现虫卵，但鉴别虫种较困难。死后剖检发现虫体并结合病变即可确诊。

［防治措施］

1. 预防

（1）禁用生鱼及下脚料喂鸭，杜绝感染源。

（2）可采用化学药物杀灭淡水螺，阻断或控制后睾吸虫幼虫期发育的第一个环节。

（3）在流行地区采取综合措施进行防治。定期驱虫，及时清扫粪便，并集中进行生物热处理，以切断传播途径，杜绝病原的扩散。

2. 治疗

（1）丙硫苯咪唑　按每千克体重100～120毫克，1次喂服。

（2）吡喹酮　按每千克体重10～20毫克，1次喂服。

六、背孔吸虫病

鸭背孔吸虫病是背孔科吸虫寄生于鸭的盲肠或小肠内引起的疾病。

［病原］

背孔类（科）吸虫在发育过程中只需要一个中间宿主，成虫在终末宿主体内产卵，卵随宿主粪便排到外界。在适宜条件下，虫卵在水中孵出毛蚴。毛蚴遇到螺蛳则钻入其体内，然后依次发育为胞蚴、雷蚴和尾蚴。尾蚴可从螺体逸出，在水草上形成囊蚴，也可以留在螺体内形成囊蚴。家鸭若吃到含有囊蚴的水草或螺蛳则被感染。囊壁被消化后，童虫则逸出附着在宿主肠黏膜上发育为成虫。一般在终末宿主（鸭）体内约经3周发育成熟。以5～8月份为感染高峰季节。

［主要症状］

大量虫体寄生可引起小肠或盲肠发炎、糜烂，消化和吸收功能减退。病鸭精神沉郁，离群呆立，闭目嗜睡，渴欲增加，食欲减退甚至废绝。患鸭脚软，行走摇晃，常易倒地，严重者不能站立。由于虫体分泌毒素，使患鸭腹泻，粪便呈淡绿色至棕褐色，胶样或水样，严重病例稀粪中混有血液。病程多为2～6天。患鸭最后贫血、衰竭而死。

［病理变化］

剖检病死鸭盲肠和直肠黏膜上可发现虫体，小肠、直肠黏膜处呈现糜烂，或呈卡他性肠炎。

［诊断要点］

粪便直接涂片或用漂浮法查到两端具有卵丝的虫卵即可确诊。

［防治措施］

1. 预防

注意保持鸭舍、运动场的清洁卫生，及时清除粪便，并作无害化处理。定期进行预防性驱虫，每半个月进行一次。

2. 治疗

（1）丙硫苯咪唑　按每千克体重10毫克，1次口服。

（2）槟榔　按每千克体重600毫克，煎水，每天傍晚用小皮管投服1次，连用2天。

七、光口吸虫病

光口吸虫病是光口科吸虫寄生在鸭肠道内引起以溃疡性肠炎为特征的一类疾病。光口科吸虫中以光孔属和球孔属吸虫致病力最强，引起鸭严重溃疡性肠炎，致使雏鸭成批死亡，对养鸭业危害很大。

［病原］

光口科吸虫的生活发育史以淡水螺作为中间宿主。家鸭因采食含有光口科吸虫囊蚴的淡水螺、水草及淡水虾类而遭受感染。一年四季均能受感染，但主要感染季节为夏、秋两季。

［主要症状］

雏鸭表现为食欲减退，畏冷，精神不振，消瘦无力，拉不成形的液性粪便，几天后死亡。

［病理变化］

成虫寄生于鸭小肠中、下段。吸虫吸着在黏膜上，使周围的肠绒毛脱落，黏膜出血。该虫体不但破坏寄生部位的肠组织，还具有移行的特点。虫体移至健康肠壁，周围的肠组织遭受新的破坏，虫体寄生较多时肠壁大面积溃疡。未溃烂的肠壁绒毛、黏膜急性充血。肠腔中出现许多黏液、血块和坏死组织。

［诊断要点］

采用水洗沉淀法检查粪便中的虫卵，并根据临床症状结合剖检死亡鸭，在其肠道内找到虫体确诊。

［防治措施］

1. 预防

（1）在防制本病时，应查明具体流行区的病原虫种，雏鸭要避免与相应的媒介物或宿主接触，切断感染途径。

（2）病鸭粪要先进行发酵处理后才能施入水田、池塘中，以防止病原散播。

2. 治疗

（1）硫双二氯酚　按每千克体重200毫克，1次喂服，为首选药物。

（2）丙硫苯咪唑　按每千克体重20毫克喂服，每天1次，连用3天。

（3）吡喹酮　按每千克体重60毫克喂服，每天1次，连用3天。

八、鸭血吸虫病

鸭血吸虫病又名鸭的包氏毛毕吸虫病，是裂体科吸虫寄生于鸭的肝门静脉和肠系膜静脉内所引起的疾病。

［病原］

中间宿主主要为椎实螺类。南方的鸭群较北方鸭群感染本病严重。虫卵随鸭粪排出体外，散布于水中。毛蚴从虫卵内孵出并在水中游泳，遇到中间宿主螺蛳则钻入其体内，先后发育为母胞蚴、子胞蚴和尾蚴，然后尾蚴从螺体逸出，若遇终末宿主鸭，则钻入其皮肤，移行至肝门静脉和肠系膜等血管内发育成熟。包氏毛毕吸虫在完成一个世代的发育中，需要经过成虫、虫卵、毛蚴、母胞蚴、子胞蚴和尾蚴6个发育阶段，总共需要39天时间（最短），其中以毛蚴感染到尾蚴逸出最短需要24天，从尾蚴感染到虫体发育成熟并排卵最短需要15天。椎实螺是鸭喜食的动物性食物，感染几率相当大，因而导致各地鸭普遍感染。

［主要症状］

病鸭除有腹泻和肠炎症状外，其生长发育明显缓慢，在群体中往往个体瘦小，弯腰拱背，行走摇摆，处在一群鸭的后面。严重感染的患鸭，营养不良，发育受阻，重者死亡。

［病理变化］

鸭血吸虫成虫主要寄生于鸭肝门静脉和肠系膜静脉内，其肾、腹腔、肺及心脏的心血管内均能发现虫体和虫卵。虫卵堆集在微血管内，尤其是肠壁微血管，其一端伸向肠腔而穿过肠黏膜，引起肠黏膜发炎、损伤。严重感染的患鸭，肠壁上产生小结节。

［诊断要点］

观察到新鲜病鸭粪中的虫卵或解剖病鸭发现在肝门静脉和肠系膜静脉中的成虫即可确诊。

［防治措施］

1. 对患病鸭可采用吡喹酮，按每千克体重 100 毫克，每天 1 次，连用 3 天。

2. 加强鸭粪管理，做无害化处理后才能施入水田中，以防病原散播。

3. 可采用低毒、价廉的化学药物杀灭椎实螺。

第五节 线虫病

一、鸟蛇线虫病（鸭丝虫病）

鸭鸟蛇线虫病又名鸭鸟龙线虫病、鸭龙线虫病、鸭丝虫病，是龙线科、鸟蛇亚科、鸟蛇属的线虫寄生在幼鸭的颌下、后肢等处皮下结缔组织，形成瘤样肿胀为特征的线虫病。

［病原］

鸭鸟蛇线虫病的中间宿主为水蚤和剑水蚤。本病主要侵害 3～8 周龄的幼鸭，成年鸭不发病。在被鸟蛇线虫污染、又存在剑水蚤的稻田、池田、沟渠或水域中放养雏鸭，即可造成感染。剑水蚤的幼虫自剑水蚤体内逸出，进入鸭的肠腔，随血流到达腮腺、咽喉部、眼周围等处的皮下，尤其在下颌部发育为成虫。

［主要症状］

鸟蛇属线虫以雌虫寄生于鸭的皮下结缔组织，形成瘤样肿胀为主要特征。局部寄生性赘瘤，以颌下为最多，其次为两后肢，在眼部、颈、颊、嗉囊部、翅基部和泄殖腔周围等处也有发现。颌下和后肢病灶对幼鸭健康损害最为严重。寄生性赘瘤特别大，其内蓄积大量血液，随雌虫成熟而逐渐变硬，悬垂颌下，严重影响吞咽及潜水觅食。病鸭急剧消瘦。

［病理变化］

结节肿胀，患部呈青紫色，用刀切开可见凝固不全的稀薄血液和白色液体流出，镜检可见大量幼虫。虫体与寄生部位的结缔组织紧密缠绕在一起，很难分离出单个的虫体，很像一团白色粗线团，虫体极为脆弱，轻轻一拉则断。

［诊断要点］

剖检病死鸭，切开紫色的瘤样肿胀，可见白色液体流出，镜检可见大量幼虫，同时可见成团的白色细线状虫体活动，易于确诊。

［防治措施］

1. 预防

（1）对雏鸭加强饲养管理，育雏舍必须建立在终年流水不断的清洁溪流上，不至于形成中间宿主剑水蚤滋生聚集的疫水环境，使雏鸭避免重复感染的机会。

(2) 在本病流行季节，不要到有可疑病原存在的稻田、河沟等处放养雏鸭。

(3) 平时搞好环境卫生，及时清除粪便并作堆积发酵处理。

(4) 在有中间宿主和病原体污染的场所，如稻田、水沟等处，可用敌百虫杀灭水蚤。

(5) 病鸭要早期治疗，既能阻止病程的发展，又能防止病原的散播，减少对环境的污染。

2. 治疗 发现本病，早期治疗可取得良好效果。

(1) 0.5%的高锰酸钾溶液 0.5～2 毫升注入患部，一次用药即可使虫体死亡。肿胀部位逐渐消失后也可用 0.2%稀碘液 1～3 毫升注入患部。

(2) 丙硫苯咪唑 按每千克体重 100 毫克，1 次口服。

(3) 左旋咪唑 按每千克体重 100 毫克，1 次口服。

二、鸭胃线虫病

鸭胃线虫病是由四棱科、华首科、裂口科及膨结科线虫寄生于鸭的腺胃和肌胃内所引起的疾病。

[**病原**]

裂刺四棱线虫中间宿主为端足类的水虱和钩虾，或昆虫类的蚱蜕、蟑螂等。虫卵被中间宿主吞食后，在其体内孵出幼虫，幼虫从中间宿主排出发育为成虫。当鸭吞食这些中间宿主后则获得感染。

华首线虫虫卵通过宿主的粪便排出体外，孵化后被中间宿主吞食，在其体内发育为感染性幼虫。鸭吞食含感染性幼虫的中间宿主而感染各种华首科线虫。

鹅裂口线虫的虫卵在 26～28℃条件下发育为幼虫，鸭吃幼虫而感染，在肌胃发育为成虫。

[**主要症状**]

病鸭出现消瘦，沉郁，贫血，食欲减退或消失，缩头垂翅，下痢，严重感染时可引起成批死亡。

[**病理变化**]

胃黏膜发炎、肥厚，出现瘤状物、溃疡。

[**诊断要点**]

粪便检查可见线虫卵，并结合剖检病、死鸭在鸭体内找到虫体可确诊。

[**防治措施**]

1. 丙硫苯咪唑 按每千克体重 10～30 毫克拌料，1 次喂服。

2. 左旋咪唑 按每千克体重 10 毫克拌料，1 次喂服。

三、鸭毛细线虫病

本病是由毛首科多种线虫寄生于鸭的嗉囊、食管及肠道所引起的疾病。严重感染时，可引起鸭只死亡。

［病原］

在本病流行地区，一年四季都能在鸭体内发现鸭的毛细线虫。气温较高时，患鸭体内虫体数量较多。鸭毛细线虫为直接发育型，终宿主吞食了感染性虫卵后，幼虫进入十二指肠黏膜发育约1个月，肠腔内即可见到成虫。

［主要症状］

虫体在寄生部位造成机械性和化学性的刺激，轻症时不出现明显的症状，严重感染时食欲不振或废绝，饮水量增加，精神委靡，翅膀下垂，离群独处，下痢且排泄物中出现黏液，消瘦，最终衰竭而死。

［病理变化］

十二指肠或小肠有很细的虫体，严重感染的病例可见大量虫体阻塞肠道。

［诊断要点］

粪便检查发现虫卵并结合相应的临床症状、剖检病变即可确诊。

［防治措施］

1. 预防

（1）预防性与治疗性驱虫，每隔1～2个月驱虫一次。

（2）及时清理粪便并做发酵处理，同时消灭鸭场中的蚯蚓，搞好清洁卫生。

2. 治疗

（1）*左旋咪唑* 按每千克体重20～25毫克的剂量，1次口服，或用粉剂混于饲料中饲喂。

（2）*丙硫苯咪唑* 按每千克体重10～30毫克，1次口服。

第五章 营养及代谢病

第一节 维生素 A 缺乏症及中毒

鸭维生素 A 缺乏症是由于维生素 A 或胡萝卜素长期摄取不足，或消化吸收障碍所引起的一种营养代谢病。维生素 A 是鸭生长发育所必需的营养物质，能维持视觉、上皮组织及神经组织的正常功能，保护器官黏膜完整性。维生素 A 还能促进食欲和消化，提高对多种传染病及某些寄生虫病的抵抗力，提高生长率、繁殖力和孵化率。因此，鸭群缺乏维生素 A，不仅鸭胚发育不良、雏鸭生长受阻，而且容易使鸭的眼球发生变化而导致视觉障碍，并破坏消化道、呼吸道和泌尿生殖器官黏膜的完整性。

相反，维生素 A 过多时，可引起鸭的中毒。

[病因]

1. 维生素 A 缺乏症 饲料中维生素 A 或胡萝卜素不足极易引起鸭维生素 A 的缺乏。长期饲喂维生素 A 或胡萝卜素含量低的饲料，如谷类（黄玉米除外）及其加工副产品（麦麸、米糠、粕饼等），日粮中又不补加青绿饲料或维生素 A 时，极易引起发病。饲料加工、贮存不当以及存放过久、陈旧变质，均可使其中的胡萝卜素遭受破坏。患有慢性消化道和肝脏疾病或胃肠道有寄生虫时，可导致机体对胡萝卜素向维生素 A 的转化受阻。

2. 维生素 A 中毒症 一般常见于过量地添加了维生素 A 制剂所致。

[主要症状]

1. 维生素 A 缺乏症 雏鸭主要表现为生长发育严重受阻，增重缓慢，甚至停止。病鸭倦怠，衰弱，消瘦，羽毛蓬乱，鼻流黏稠液体，呼吸困难，张口呼吸。由于骨骼发育受阻，导致运动无力，行走蹒跚，出现两腿不能配合的步态，继而发生轻瘫甚至完全瘫痪。喙部的黄色素变淡，呈苍白色、无光泽。急性型主要表现为一侧或两侧眼流泪，并在其眼睑下方见有乳酪样分泌物，继而角膜混浊、软化，导致角膜穿孔和眼前房液外流，最后眼球下陷、失明，直至死亡。

产蛋种母鸭除出现上述眼睛的变化外，还表现为消瘦，衰弱，羽毛松乱，产蛋量显著下降，蛋黄颜色变淡，出雏率下降，死胎率增加，脚蹼、喙部的黄色素变淡，甚至完全消失而呈苍白色。种公鸭出现性机能衰退。

2. 维生素 A 中毒症 主要症状表现为不活泼，不愿鸣叫，厌食，有的甚至拒食，产蛋量下降，蛋偏小、色暗、壳薄，有的表面不光滑，鸭羽毛光泽度未见改变、但脱落严重。鸭下水后羽毛易被水浸润变湿。有的鸭排粪稀薄，混有蛋清样物。驱赶鸭群，少数鸭双脚拘谨，活动不便，一般不死亡。

［病理变化］

1. 维生素A缺乏症的主要病变 眼、口、咽、消化道、呼吸道和泌尿生殖器官等上皮的角质化，肾及睾丸上皮的退行性变化。有的中枢神经系统也见退行性变化。

病鸭口腔、咽喉黏膜上散布有白色小结节或覆盖一层白色的豆腐渣样的薄膜，剥离后黏膜完整并无出血溃疡现象。呼吸道黏膜被一层鳞状角化上皮代替，鼻腔内充满水样分泌物，液体流入副鼻窦后，导致一侧或两侧颜面肿胀，泪管阻塞或眼球受压，视神经损伤。严重病例角膜穿孔，肾呈灰白色，肾小管和输尿管充塞着白色尿酸盐沉积物，心包、肝和脾表面也有尿酸盐沉积。

2. 维生素A中毒症的主要病变 剖检可见肝脏肿大、色黄、有散在的出血点，脾脏肿大。

［诊断要点］

根据饲料分析，结合眼病和视力障碍、神经症状、病理剖检变化及血浆中维生素A和胡萝卜素含量可做出诊断。

［防治措施］

1. 预防措施

（1）预防维生素A缺乏 主要是注意饲料配合。日粮中应补充富含维生素A和胡萝卜素的饲料，如鱼肝油、胡萝卜素、黄玉米、豆科绿叶、绿色蔬菜、水生青草、南瓜、苜蓿等。同时注意饲料的保存，防止发酵、酸败、霉变和氧化，以免其中的维生素A遭到破坏。

（2）预防维生素A中毒 主要是注意在饲料中不能过量地添加维生素A。雏鸭和青年鸭对维生素A的需要量为每千克日粮含1 500国际单位，产蛋鸭的需要量为每千克日粮含8 000～10 000国际单位。

2. 治疗措施

（1）维生素A缺乏症 鸭群发病初期，尽快在饲料中添加稳定的维生素A制剂，其剂量应是正常需要量的3～5倍。

当鸭群中发生维生素A严重缺乏症时，可每千克日粮中补充2 000～4 000国际单位的维生素A。也可在每千克日粮中拌入鱼肝油10～15毫升（加时应先将鱼肝油加入拌料用的温水中，充分搅拌，使脂肪滴变细或乳化，再与饲料充分混合），立即饲喂，连用15天。

对个别病鸭治疗时，雏鸭每天每只滴服或肌内注射0.5毫升鱼肝油（每毫升含维生素 A 50 000 国际单位）。成年鸭每天滴服或肌内注射鱼肝油 1.0～1.5 毫升，分 3 次喂服，5 天为一疗程。如果产蛋母鸭群病情严重时，每只每次喂 1～2 毫升浓鱼肝油或鱼肝油丸 2～3 粒，每天 2～3 次，5～7 天为一疗程。

（2）维生素 A 中毒症　往往是由于不适当地添加维生素 A 制剂造成的。当鸭群因维生素 A 过量而引起中毒时，可暂停维生素 A 制剂，每只鸭每天饲喂维生素 C 片（含量 100 毫克）和复合维生素 B 片各 3 片，分 3 次喂服，5 天为一疗程，一般鸭可恢复食欲。待鸭采食量恢复正常后，即可在饲料中添加鸭正常需要量的维生素 A 制剂。

第二节　维生素 D 缺乏症

维生素 D 具有调节机体内钙、磷代谢作用，是畜禽的骨骼、硬喙和趾爪生长发育过程中所不可缺少的营养成分。鸭的维生素 D 缺乏症主要发生于雏鸭。

[病因]

1. 长期缺乏阳光照射是造成维生素 D 缺乏的重要原因。

2. 饲料中维生素 D 的添加量不足或饲料贮存时间太长。

3. 消化道疾病或肝、肾疾病，影响维生素 D 的吸收、转化和利用。

4. 日粮中脂肪含量不足，影响维生素 D 的溶解和吸收。

[主要症状]

1. 雏鸭典型症状是佝偻病。主要表现为生长发育迟缓、骨骼变软、弯曲、变形及运动障碍。病雏鸭生长发育显著不良或完全停止，两腿无力、步态不稳，最后不能站立。喙和趾的质地变软，易弯曲变形，以至采食不便。

2. 母鸭在缺乏维生素 D 2～3 个月后才出现症状，主要表现为所产蛋壳多孔隙、不致密和孵化率降低为主要特征。还易发骨软症，骨质疏松，骨硬度差，骨骼变形。腿软，卧地不起，爪、喙、龙骨弯曲等。

[病理变化]

剖检可见胸骨和肋骨自然骨折，局部有珠状突起，称为肋骨串珠或佝偻珠，即所谓佝偻病。雏鸭胫骨、股骨头骨骺疏松。长骨质地变脆，易骨折，荐椎和坐骨向下弯曲，胸骨变形，胸部正中内陷，使胸腔变小。

[诊断要点]

根据病史、特征性临床症状和病理变化，可作出诊断。

[防治措施]

1. 预防措施　雏鸭多晒太阳是预防本病最经济有效的方法，因为阳光中的紫外线可促进维生素 D 在机体内的合成。在梅雨季节，鸭舍内可用紫外线灯照射。日粮中要适当补充富含维生素D的鱼肝油。

2. 治疗措施 对病鸭的治疗可用浓鱼肝油滴剂，每只每次2～3滴，每天2～3次，服用天数根据病情而定（一般为1周）。同时，应加强放牧，促进鸭皮肤、羽毛上的7-脱氢胆固醇转变为维生素D_2和维生素D_3。

第三节 维生素E和硒缺乏症

维生素E和硒缺乏症又名白肌病，是鸭的一种因缺乏维生素E或硒而引起的营养代谢病。不同品种和日龄的鸭均可发生，但临床上主要见于2～4周龄的肉用雏鸭。患病鸭发育不良，生长停滞，日龄小的雏鸭发病后常引起死亡。

［病因］

1. 日粮中缺乏维生素E或硒 维生素E为脂溶性维生素，饲料加工调制不当，或因饲料长期储存，饲料发霉或酸败，或因饲料中不饱和脂肪酸过多等，均可使维生素E遭受破坏，活性消失。若用上述饲料喂鸭，极易发生维生素E缺乏，同时也会诱发硒缺乏。相反，如果饲料中硒严重不足，也同样能影响维生素E的吸收。

2. 饲料搭配不当，营养成分不全 饲料中的蛋白质及某些必需氨基酸缺乏或矿物质（钴、锰、碘等元素）缺乏，以及维生素A、维生素B、维生素C等的缺乏和各种应激因素，均可诱发和加重维生素E和硒缺乏症。

3. 环境污染 环境中镉、汞、铜、钼等金属与硒之间有颉颃作用，可干扰硒的吸收和利用。

［主要症状］

根据临床表现和病理特征可分为三种病型。

1. 脑软化症 主要见于1～2周龄以内的肉用雏鸭。病鸭减食或不食，运动失调，头向后方或下方弯曲，有的两肢瘫痪、麻痹，3～4日龄雏鸭患病，常在1～2天内死亡。

2. 渗出性素质 临床上见于2～4周龄的肉用雏鸭、蛋用雏鸭，主要表现为食欲下降，精神不振，腹泻，消瘦，喙尖和脚蹼常局部发紫，有时可见肉用雏鸭腹部皮下水肿，外观呈淡绿色或淡紫色。

3. 肌营养不良 主要见于青年鸭或成年鸭。青年鸭常生长发育不良，消瘦，腹泻，减食。成年母鸭的产蛋率下降，孵化率降低，胚胎发生早期死亡。种公鸭生殖器官发生退行性变化，睾丸萎缩，精子数减少或无精。

［病理变化］

主要病理特征为脑软化症，渗出性素质，肌营养不良、出血和坏死。死于脑软化症的病雏鸭，可见脑颅骨较软，小脑发生软化和肿胀，表面常见有小点出血。渗出性素质病例剖检可见：头颈部、胸前、腹下等皮下有淡黄色或淡绿色胶冻样渗出，胸、腿部肌肉常有出血斑点，有时可见心包积液，心肌变性或呈条纹状坏死。肌营养不良的病鸭，可见全身骨骼肌色泽苍白、贫血，胸肌和腿肌中出现条纹状灰白色坏死。心肌变性、色淡，呈条纹状坏死，有时可见肌胃也有坏死。

［诊断要点］

维生素E和硒缺乏症有多种表现形式，单凭临床症状不易识别，必须多剖检几只病鸭，根据其特征性病理变化才可做出诊断。

［防治措施］

1. 预防措施　注意鸭饲料日粮中添加足够量的硒和含硫氨基酸。同时，每只鸭每天添加0.05～0.1毫克维生素E混于饲料中，连用15天，可以有效预防本病的发生。同时，多喂新鲜的青绿饲料和谷物类，禁止饲喂霉变、酸败的饲料。

2. 治疗措施　对于发病鸭群，按每千克饲料中加入2.5毫克的硒和250国际单位的维生素E具有良好的治疗效果。

第四节　维生素 B_1 缺乏症

鸭维生素 B_1 缺乏症是由维生素 B_1 缺乏引起的以神经组织和心肌代谢功能障碍为主要特征的营养代谢病，又称多发性神经炎。维生素 B_1 又叫硫胺素，在鸭体内的主要功能是保持糖类的正常代谢和神经的正常功能。

［病因］

1. 日粮中缺乏维生素 B_1　如长期饲喂单一的细磨谷粉和高碳水化合物日粮。

2. 饲料加工、贮存不当　贮存时间过长，特别是当饲料虫蛀或霉变时，维生素 B_1 损失较大，在加热和碱性环境下硫胺素易被破坏。

3. 维生素 B_1 颉颃因子导致缺乏　如绿豆、米糠、芥菜子、棉子和亚麻子中含有抗硫胺素因子，氧硫胺素、氨丙啉（一种抗球虫药）也和硫胺素有颉颃作用，鱼、虾等软体动物体内含有硫胺素酶，可分解硫胺素使其缺乏。

4. 疾病因素　胃肠道疾病会影响维生素 B_1 的吸收。

［主要症状］

1. 成年鸭主要表现为食欲减退，羽毛松乱、无光泽，体质衰弱，步态不稳等症状。

2. 雏鸭主要表现为神经症状，严重者头向后仰，角弓反张，呈典型的“观星状”姿势。部分鸭腿肌麻痹，无法站立。还常出现转圈、无目的地奔跑、乱跳等症状，一般为阵发，开始每天数次，以后越来越重，最后死亡。

3. 产蛋母鸭发生维生素 B_1 缺乏症时病程较长，表现为采食减少、消瘦、羽毛蓬乱、步态不稳等，所产蛋的孵化率下降，孵出的部分雏鸭常出现维生素 B_1 缺乏症的临床症状。

［病理变化］

皮肤水肿，皮下脂肪呈胶样浸润。心脏轻度萎缩，肾上腺肥大，母鸭比公鸭明显。生殖器官萎缩，睾丸比卵巢的萎缩更明显。

［诊断要点］

根据典型的“观星状”，结合饲料中维生素 B_1 含量的调查及血液丙酮酸含量升高，可以作出诊断。而血液中丙酮酸含量测定可作为早期监测的指标。

在临床上应与鸭中暑区别。鸭中暑来势猛、发病突然、死亡快，多发生于午后，且有明显的季节性和过热的病因。

［防治措施］

1. 预防措施 保证饲料中维生素 B_1 的含量至关重要，要妥善保存好饲料，防止霉变、受热、贮存过久。当雏鸭采食大量鱼虾类时，应注意在饲料中补充足量的维生素 B_1。各种谷类及其加工产品、黄豆、棉子饼、苜蓿粉、麸皮、酵母、乳制品和各种新鲜青绿饲料等，都含有丰富的维生素 B_1，只要在日粮中适当搭配，就可以预防本病的发生。

2. 治疗措施 鸭群一旦发病，应及时调整饲料配方，增加富含维生素 B_1 的新鲜青绿饲料，或按每 50 千克饲料添加 1～2 克维生素 B_1，拌料饲喂连用 7～12 天。病鸭可口服维生素 B_1，雏鸭每次 5 毫克，成年鸭每次 9～10 毫克，每天一次，连用 7～10 天。个别严重的病鸭也可肌内注射维生素 B_1，雏鸭每次 1～2 毫克，成年鸭每次 5 毫克，每天 1～2 次，连用 2～3 天。

大剂量注射维生素 B_1 时，需注意可能引起过敏反应和中毒。

第五节　维生素 B_2 缺乏症

维生素 B_2 又叫核黄素，鸭维生素 B_2 缺乏症是由于日粮中核黄素缺乏或供给不足而引起的一种营养代谢病。

［病因］

1. 主要原因是日粮中缺少富含维生素 B_2 的饲料，同时又不添加维生素 B_2 或添加不足。

2. 饲料被日光长久暴晒、霉变及添加碱性药物，使其中维生素 B_2 遭到破坏。

[主要症状]

1. 雏鸭日粮中缺乏核黄素时，常发生腹泻，生长缓慢，软弱与消瘦。雏鸭不愿走动，强制驱赶时则常借助于翅膀扇动，并以跗关节走动。两侧脚趾均向内弯曲（曲趾），用跗关节支撑身体或伸腿侧卧，呈典型的“内卷趾”状。

2. 产蛋鸭日粮中缺乏核黄素时，会导致产蛋下降，胚胎死亡率增加，弱雏率高。

[病理变化]

一般无典型的病变。严重缺乏时，其特征性病变是坐骨神经肿大和变软，直径比正常大 4～5 倍，质地柔软而失去弹性。

[诊断要点]

根据典型的“内卷趾”状、腿部肌肉的病变，结合饲料中维生素 B_2 含量的调查，可以作出初步诊断。确诊需测定饲料中维生素 B_2 含量。

[防治措施]

1. 预防措施 预防本病的发生，应当喂全价颗粒料，自配料可采用优质的添加剂或预混料。

2. 治疗措施 发病初期可在日粮中补充适量的核黄素，常于短期内可恢复正常。如果曲趾已久，投喂核黄素也不能将其治愈，建议淘汰。

第六节 锰缺乏症

鸭的锰缺乏症是因为饲料中锰含量缺乏而引起的以骨短粗、滑腱症为特征的营养代谢病。锰参与体内蛋白质、脂类和碳水化合物代谢，对鸭的生长、繁殖和骨骼的发育有重要影响。本病多发生于雏鸭和成年鸭。

[病因]

主要病因有：日粮中缺乏锰，如在地区性缺锰的土壤上生长的作物子实含锰量很低，饲料原料中玉米、大麦的含锰量较少；配方不当，无机锰补充量不足；饲料中钙、磷、铁、植酸盐过量降低锰的吸收利用率；饲料中 B 族维生素不足，增加鸭对锰的需要量。

[主要症状]

1. 雏鸭缺锰时，骨骼发育不良，生长受阻，体重下降，易患滑腱症或脱腱症、骨粗短症。前者表现为胫跗关节肿大，腿骨变粗、变短，表现为跛行。后者表现为跗关节肿胀与明显错位，胫骨远端和跗骨近端向外翻转，腿外展，常一只腿强直，膝关节扁平，表面光滑，导致腓肠肌腱从髁部滑脱，腿变弯曲、扭转，瘫痪，无法站立。当双腿同时患病时，病鸭不能采食或饮水，最后导致死亡。

2. 成年鸭缺锰时，产蛋量下降，蛋壳薄脆，种蛋孵化率低，胚胎畸形，腿短粗，翅短，头呈圆球形或呈鹦鹉嘴，胚胎水肿，腹部突出。孵出雏鸭软骨营养不良，表现出神经机能障碍、运动失调和头骨变粗等症状。

［**病理变化**］

病鸭肌肉组织和脂肪组织萎缩。跖、趾关节肿大，多见跖骨与趾骨向内侧弯曲。剖检可见腓肠肌腱从髁部滑脱。

［**诊断要点**］

根据特征性的症状和病变可做出诊断。

本病与佝偻病的区别：患滑腱症时骨骼的钙化正常，骨质坚硬；而患佝偻病时骨质钙化不全，骨质变软。

与马立克氏病的区别：马立克氏病的症状为两腿呈劈叉式，不能站立；而滑腱症常表现为一只腿从跗关节处弯曲或扭曲。

［**防治措施**］

1. 预防措施 预防锰缺乏症应注意饲料配合，雏鸭饲料中应含有锰 100～160 毫克/千克，常采用碳酸锰、氯化锰、硫酸锰、高锰酸钾作为锰补充剂。糠麸含锰丰富，添加了日粮中有良好的预防作用。化验饲料，并调整钙、磷比例含量至正常，保证 B 族维生素足量，多饲喂新鲜青绿饲料。

2. 治疗措施 发病鸭日粮中每千克添加 0.12～0.24 克硫酸锰，也可用 1∶3 000 高锰酸钾溶液饮水，每天 2～3 次，连用 4 天。对骨变形和滑腱症或脱腱症，无康复希望的病鸭，建议淘汰。

第七节　钙、磷缺乏症

钙、磷缺乏症是一种以雏鸭佝偻病、成年鸭骨软病为其特征的营养代谢病。因为钙、磷在骨骼组成，神经系统和肌肉正常功能的维持方面发挥着重要作用，所以钙、磷缺乏症是一种更为重要的营养代谢病。

［病因］

1. 饲料中钙、磷含量不足 鸭生长发育和产蛋期对钙、磷需要量较大，如果补充不足，则容易发生钙、磷缺乏症。

2. 饲料中钙、磷比例失调 钙、磷比例失调，会影响这两种元素的吸收，雏鸭和产蛋鸭饲料中钙、磷比应为 1～4∶1 之间。

3. 维生素 D 缺乏 维生素 D 在钙、磷吸收和代谢过程中起着重要作用，如果维生素D缺乏，则会引起钙、磷缺乏症的发生。

4. 其他因素　如疾病、生理状态也会影响钙、磷代谢和需要量，引起缺乏症。

［主要症状］

本病可发生于圈养的各种日龄鸭群，但发病的迟早以及出现的症状则决定于种蛋内所含维生素D、钙和磷贮备量的多少，以及雏鸭饲料中维生素D或钙和磷的缺乏程度。如果种鸭蛋中缺乏维生素D或钙、磷，雏鸭日粮中又继续缺乏上述元素，那么雏鸭在1周龄左右即可出现症状。

1. 雏鸭和青年鸭典型症状是佝偻病。最初表现生长缓慢，喙部色淡、变软，用手拉易扭曲。行走时步态僵硬，左右摇摆，或频频趴卧。

2. 产蛋母鸭主要表现产蛋减少，蛋壳变薄、易碎，时而产出软壳蛋或无壳蛋。逐渐双腿软弱无力，严重时发生瘫痪。在产蛋高峰期或春季配种旺季，易被公鸭踩伤乃至死亡。

3. 鸭缺磷时，主要表现为食欲不振，生长缓慢，饲料转化率降低。日粮中钙、磷过多对鸭生长也不利，并影响到其他营养物质的吸收利用。钙过多，饲料适口性差，影响采食量，并会阻碍磷、锌、锰、铁、碘等元素的吸收。磷过多也会降低钙、镁的利用率。

［病理变化］

可见全身骨骼不同程度的变形、骨质疏松、骨表面粗糙不平，胸骨、肋骨、后肢骨变形明显，关节肿大。甲状腺肿大，肾脏有慢性病变。

［诊断要点］

根据病史、化验饲料、临床症状和病理变化，可作出诊断。

［防治措施］

1. 预防措施　应注意饲料中钙、磷含量要满足鸭的需要，而且要保证比例适当，尤其产蛋鸭和雏鸭日粮中要保证钙、磷的正常吸收、代谢。同时注意维生素D的给予。

2. 治疗措施

（1）对雏鸭佝偻症的治疗，可1次喂服15 000国际单位的维生素D_3，能很快收到疗效，或喂服维生素A、D液或浓鱼肝油2～3滴，每天1～2次，5～7天为一疗程。

（2）雏鸭和青年鸭对钙的需要量为日粮的0.9%，产蛋鸭为日粮的3%～3.75%，过多或过少对鸭的健康、生长和产蛋都有不良的影响。产蛋鸭需要磷多些，因为蛋壳及蛋黄中的卵磷脂、蛋黄磷蛋白中都含有磷。在日粮中对有效磷的需要量，雏鸭为0.46%，青年鸭为0.35%，产蛋鸭为0.5%。

（3）已经发生缺乏症时，应立即增加饲料中钙、磷水平，调整好比例。当然，最好能够化验饲料。补充钙、磷可选用磷酸氢钙和骨粉、贝壳粉等。

第八节　蛋白质缺乏症

蛋白质是鸭生命活动过程中的物质基础，同时也是鸭蛋、羽毛等鸭产品的重要组成成分，其作用不能由其他物质所代替。鸭蛋白质缺乏症是由饲料中缺乏蛋白质引起的一种营养性疾病。

［病因］

蛋白质是由各种不同的氨基酸组成，有一部分氨基酸在鸭体内能互相转化，不一定要由饲料直接供应，称为非必需氨基酸；另一部分氨基酸则不能由其他氨基酸产生，或虽能产生但数量很少，不能满足需要，必须由饲料直接提供，称为必需氨基酸。饲料中蛋白质不仅要在数量上满足鸭的需要，而且各种必需氨基酸的比例也应与鸭的需要量相符，否则就会引起蛋白质缺乏症。

［主要症状］

当日粮中蛋白质缺乏时，主要表现为雏鸭生长缓慢、羽毛生长不良。成年鸭开产期延迟，产蛋率下降，蛋重小，抗病力降低，严重时体重降低，产蛋停止，甚至死亡。

［病理变化］

皮下脂肪、体腔及各脏器附近的脂肪不同程度消失或完全消失。皮下常有胶冻样水肿。心冠沟、肠系膜原有的脂肪消失。肌肉萎缩、苍白。

［诊断要点］

通过检测饲料中蛋白质、氨基酸的含量可作出诊断。

［防治措施］

1. 预防措施　合理搭配饲料至关重要，要将动物性蛋白质（如鱼粉、蚯蚓、蛆等）和植物性蛋白质（豆饼、棉子饼、菜子饼）适当搭配。加强饲料保管。若饲料管理不当而发生霉变，产生的过多不饱和脂肪酸会使饲料中的蛋白质氧化，从而造成蛋白质的缺乏。

2. 治疗措施　如果在鸭群中发生本病，应及时补给适量的蛋白质饲料或氨基酸添加剂（赖氨酸、蛋氨酸等）。

第九节　痛　　风

鸭痛风又称鸭尿毒症，主要是由于蛋白质代谢障碍及肾功能障碍引起鸭的一种营养代谢病。各品种、各日龄的鸭均可发生，有时出现较高的死亡率。

[病因]

鸭痛风的病因有多方面的综合因素，以原发性的尿酸生成占多数。鸭体内尿酸代谢出现障碍，血液中尿酸浓度升高，大量的尿酸经肾脏排泄；各种原因引起的肾损害及肾机能减退，进一步引起尿酸排泄受阻，形成尿酸中毒。其他原因还有维生素A缺乏、饲喂过多高蛋白质饲料、饲喂高钙饲料、不合理使用某些抗菌药物、饮水不足、饲喂劣质饲料、疾病因素等。

[主要症状]

由于尿酸盐在体内沉积的部位不同，可分为内脏型痛风和关节型痛风两种，而且两者往往同时发生，病程呈慢性经过。

[病理变化]

1. 内脏型痛风 肾肿大，色淡，表面有尿酸盐沉积而形成的白色斑点。输尿管变粗，管壁变厚，管腔内充满石灰样沉积物，甚至出现肾结石和输尿管阻塞。

2. 关节型痛风 此类痛风的病变在于关节滑膜和腱鞘、软骨、关节周围组织、韧带等处有白色的尿酸盐晶状物。有些病例的关节面及关节周围组织出现坏死、溃疡。有的关节面发生糜烂，有的呈结石样的沉积垢，称其为痛风石。

[诊断要点]

根据病鸭排白色稀粪以及内脏表面、关节内覆盖尿酸盐沉着物，并结合病因调查，一般不难诊断。必要时可将病鸭血液送检，测定血清中尿酸的含量。

[防治措施]

1. 预防 改用肉鸭饲料，使饲料中蛋白质含量控制在15%～20%左右，同时适当调整饲料中的钙、磷比例。

及时发现病鸭并挑出，多喂青饲料，并在充足的饮水中加入5%碳酸氢钠或食用碱，促进体内尿酸盐排出。

保持鸭舍的环境卫生，鸭舍要天天清扫，清除粪便和垃圾，避免有害气体（如氨气、硫化氢、二氧化碳）的危害，为雏鸭提供良好的生长环境。

加强消毒：用0.5%过氧乙酸、威力碘、百毒杀等消毒药进行带鸭消毒，每3天消毒一次，每两周更换一种消毒药。

2. 治疗 用肾肿解毒药饮水，连用7天。大黄苏打片拌料，每千克饲料加1.5片，1～2次/天，连用3～5天。维生素A、D_3粉拌料，连用5～7天。重病番鸭可逐只直接投服。不用或少用对肾脏功能有害的药物。

第十节 异食癖

鸭啄癖又称异食癖或恶食癖，是多种营养物质缺乏、代谢紊乱以及饲养管理不善等引起的极为复杂的多种病因的综合征。在养鸭生产过程中，啄癖是鸭的一种异常行为。啄癖鸭生长缓慢，健康受损，给养鸭业生产经营造成很大的经济损失。

［病因］

导致鸭啄癖的原因大致有以下 4 种：

1. 营养因素 饲料营养成分不全、不足或比例失调。蛋白质和含硫氨基酸缺乏，是造成啄羽癖的重要原因。维生素、矿物质、微量元素及粗纤维的缺乏均可引发啄癖。

2. 生理因素 雏鸭对外界环境产生好奇感，东啄啄、西啄啄，继而互啄或自啄身上的杂物或绒毛。由于体内激素的增加或在换羽过程中也可导致自啄。

3. 管理因素 鸭饲养密度过大，温度过高、清洁卫生较差，空气中有毒成分过高，生理平衡被破坏。不同品种、日龄和体质的鸭混群饲养。周围环境噪音过大，突然的惊吓等因素均可引发啄癖。

4. 疾病因素 雏鸭易患沙门氏菌病、禽副伤寒、大肠杆菌病等，病鸭的肛门及周围羽毛附着粪便而引起其他雏鸭互相啄羽。

［主要症状］

啄癖的形式有叼啄它禽、相互叼啄和自行叼啄等三种形式，其中以叼啄它禽为主要形式。啄癖在临床上有啄肛癖、啄蛋癖、啄羽癖和啄异物癖四种类型，啄肛癖多发生在雏鸭、初产蛋鸭和产蛋鸭。啄肛对鸭群的危害很大，有的可将腹腔内脏啄出来。啄蛋癖多发生在产蛋鸭中，啄蛋鸭见到产蛋箱内或地面上的鸭蛋即行叼啄。啄羽癖较多发生，其啄羽部位以被羽为最多，其次为头羽、尾羽。啄异物癖主要叼啄饲具、墙壁等。

［诊断要点］

以自食或相互啄头部、啄毛、啄翅、啄趾、啄蛋和食蛋等现象为主要特征。

［防治措施］

1. 加强管理 实行科学的饲养管理，保持良好舒适的环境条件，减少或避免应激因素的影响。实行严格的分群管理，不同品种、龄期和强弱的鸭分群饲养，密度不能太大。舍内温度、湿度要适宜，通风良好，光线不能太强。垫料要保持清洁卫生、干燥，防止潮湿霉变。舍内要有足够的食槽、饮水器和产蛋箱，捡蛋要做到定时，喂料定量和饮水足够，饲料更换要设置过渡期。平时保持安静，防止鸭群受惊。

重视日粮配比，日粮供给多样化，要按照营养标准合理配置日粮。食羽大多是由于饲料中硫酸钙不足引起的，此时可在饲料中加入生石膏粉。而有些食羽癖可能是由于日粮中缺乏食盐和某些矿物质，可在饲料中添加食盐，连喂 3～5 天，同时给予充足饮水。饲料中定期加入啄羽灵、多种维生素、矿物质和微量元素。加强疫病的预防，育雏阶段做好沙门氏菌病的预防，在饲料中添加磺胺嘧啶，发现病例及时隔离治疗。

2. 药物治疗　一旦发现伤残鸭，及时隔离饲养，在伤口涂硫黄软膏。被啄伤的鸭应立即挑出，并对伤口用龙胆紫洗擦。体外局部损伤的鸭，一般在患处涂紫药水。严重者可使用缝合术和服用抗菌消炎药或淘汰，以免扩大危害。

第十一节　鸭脂肪肝综合征

鸭脂肪肝综合征是以肝脏异常、脂肪变性为特征的一种营养代谢性疾病。主要发生于产蛋鸭。

[病因]

1. 肌醇类维生素和粗纤维摄入不足，沙砾缺乏，运动量少，引起肌胃等消化器官机能减退，造成脂肪代谢障碍，引发脂肪变性、沉积。

2. 饲料中缺乏蛋氨酸或胆碱（胆碱是合成蛋氨酸的原料之一），影响甘油三酯代谢。缺乏胆碱还引起磷脂合成障碍，引发肝脂肪变性。

3. 过多或长期给予高能量饲料促使其高产，造成脂肪过量，使甘油三酯在肝细胞内积聚，引起脂肪变性。此外，体内激素失调（血中儿茶酚胺、肾上腺素含量低，阻碍脂肪利用）、硒缺乏（硒对脂蛋白的合成和转运有作用）、应激和霉变饲料均可引发本病。

[主要症状]

病鸭主要表现为减食，精神委靡，不愿下水，主翼羽易脱落，产蛋率降低。

[病理变化]

肝肿胀，质脆易碎，边缘钝圆，肝呈黄褐色，切面有暗红色淤血和黄褐色的脂肪变性，相互交织形成“槟榔肝”，手触之有油腻感。

[诊断要点]

根据剖检特征性病理变化，可作出初步诊断。

[防治措施]

1. 预防措施　合理调配饲料日粮，适当控制鸭群稻谷（玉米）的饲喂量，在饲料中添加多种维生素和微量元素，扩大活动场地，一般可预防本病的发生。禁喂霉变饲料。

2. 治疗措施　发病鸭群的饲料中可添加氯化胆碱、维生素E和肌醇。按每千克饲料加1～1.5克氯化胆碱、10国际单位维生素E和1克肌醇，连续饲喂5～7天，具有良好的治疗效果。

第六章　中毒及其他疾病

第一节　黄曲霉毒素中毒

黄曲霉素是黄曲霉菌某些菌株的代谢产物，对畜禽和人类都具有毒性，主要损害肝脏，并有很强的致癌作用。黄曲霉菌是一种真菌，广泛存在于自然界，在温暖潮湿的环境中最易生长繁殖。

［病因］

各种饲料，特别是花生饼、玉米、豆饼、棉仁饼、小麦和大麦等，由于受潮、受热而发霉变质后，霉菌大量繁殖，其中主要是黄曲霉菌，并产生毒素，鸭吃了这些发霉变质的饲料即引起中毒。

［主要症状］

病鸭精神委顿，食欲不振，非常消瘦，衰弱，贫血，排血色稀粪，脱羽，鸣叫，趾部发紫，严重跛行，有的腿软不能站立，陆续发生死亡。成鸭则颈部肌肉痉挛，角弓反张。如不更换饲料，死亡日渐增多，最后所剩无几。由于发霉变质的饲料中除黄曲霉菌外，往往还有烟曲霉菌，所以雏鸭常伴有霉菌性肺炎。

［病理变化］

在较大的病雏鸭可能见有皮下胶样渗出物，在腿部和蹼有严重的皮下出血。肝脏肿大、色发灰是中毒的明显指示。胰脏亦可能有出血点。此外，可见肾脏肿胀、出血与胰脏出血。肝脏的病理组织学变化，早期死亡病例主要是肝细胞变化，弥漫性的出血以及胆管增生，病程较长者，则见肝实质呈结节状增生（肝癌），胆管增生，后期见结缔组织成分明显地增生，仅见少量的肝实质细胞。在肾脏和胰脏也能见到同样变化。

［诊断要点］

可根据临床症状和病变进行初步诊断，但确诊尚需用可疑饲料饲喂1日龄雏鸭，进行黄曲霉毒素的生物鉴定，即通常将怀疑含有黄曲霉毒素的饲料浸出液，给1日龄雏鸭饲喂5天第7天剖杀，取其肝脏作组织学检查，还可以测定是否有黄曲霉毒素。一般可以测出总剂量为2.5微克的毒素。

［防治措施］

发现黄曲霉毒素中毒要立即更换饲料，加强护理，使其逐渐康复。对急性中毒的喂给5%的葡萄糖水，有微弱的保肝、解毒作用。鸭舍内、外要彻底清扫，槽具用2%的次氯酸钠溶液消毒，消灭霉菌孢子。

为预防本病的发生，平时要搞好饲料保管，注意通风，防止发霉，不用发霉饲料喂鸭。可用福尔马林对饲料进行熏蒸消毒。

第二节　肉毒梭菌毒素中毒

鸭肉毒梭菌毒素中毒是由肉毒梭菌C型毒素引起的一种疾病。其临床特征是全身性麻痹，头下垂、软弱无力，故又名“软颈病”，主要发生于碱性浅滩水域地区。

［病因］

在夏、秋季节，天气干燥少雨，湖泊水浅，常有一些腐败的鱼类和小动物尸体，尤其是鸭群在抛有死猪、死猫、死狗的池塘、水渠放牧，动物尸体含有大量肉毒梭菌，一旦被鸭群吞食后，就会引起中毒。其他如被肉毒梭菌污染的饲料或水源，也可引起鸭群中毒。

［主要症状］

临床症状分急性和慢性两种。急性中毒后，全身性痉挛、抽搐，很快死亡。慢性中毒表现精神迟钝，食欲废绝，颈松软下垂，双翅下垂，双腿麻痹不能站立。强行驱赶，则鸭双翅拍地跳跃而行。病鸭伸颈呼吸、腹泻，粪便呈绿色，病鸭可因颈部肌肉麻痹、窒息或因循环障碍而死。一般病鸭出现麻痹症状后24～48小时内死亡。

［病理变化］

剖检时发现病死鸭嗉囊、胃中有未消化的鱼虾，有的还发现有蛆虫，病死鸭的病理变化基本相同，其脑膜充血，咽喉黏膜和心外膜有少量出血斑点，有的病鸭肺部充血，其他器官无明显变化。

［诊断要点］

根据临床表现和无剖检病变足以作出初步诊断。诊断该病需用小鼠进行保护性实验。即采病鸭血清或肠内容物洗液，给2～3只小鼠进行腹腔注射，每只0.5～1.0毫升，观察1～3天，如果发生头、四肢和尾部神经性麻痹症状，再注射C型抗毒素，小鼠康复，即可证明为肉毒梭菌毒素中毒。

［防治措施］

在夏、秋季节注意鸭群放牧地是否有腐败鱼类或其他动物尸体，如有则应避开。一旦鸭群中毒后，应尽快采用抗毒素疗法，每只鸭肌内注射C型抗毒素2～4毫升，即可收到良好的效果。

第三节　食盐中毒

食盐中毒是鸭采食过量的食盐引起的一种中毒性疾病。任何日龄的鸭都可发生，以大量饮水、剧烈下痢、皮下水肿、大批死亡为主要临床症状。

［病因］

鸭采食了过量食盐或含盐较高的食物（酱油渣、咸鱼粉等）和饮水（咸鱼水），是发生中毒的原因。

［主要症状］

急性中毒：鸭群突然发病，饮水骤增，同时出现大量营养状况良好的鸭发生突然死亡，部分病鸭呼吸困难、喘息十分明显，中毒死亡的鸭有的从口中流出血水。

慢性中毒：鸭群起病缓慢，饮水逐渐增多，粪便变稀。采食量下降，鸭群中死亡鸭增多，产蛋鸭群产蛋量停止上升或下降，蛋壳变薄，出现砂顶、薄皮、畸形蛋等。由于下痢的刺激，鸭的子宫发生轻重不等的炎症，产蛋时子宫回缩缓慢，发生脱肛、啄肛等并发症。

［病理变化］

病鸭苍白、贫血，胸腹部皮下积有多少不等的渗出液，由于皮下水肿，跖部变得十分丰润，肝脏肿大，质地硬，呈现淡白、微黄色或红白相间的、不均匀的淤血条纹。腹腔中积液甚多，心包积水超过正常的2～3倍，心肌有大点状出血。肾脏肿大，肠管松弛，黏膜轻度充血。急性中毒的产蛋鸭，除有上述症状外，卵巢充血、出血十分明显。慢性食盐中毒的产蛋鸭，肠黏膜、卵巢充血、出血，卵子变性坏死，输卵管炎或腹膜炎。

［诊断要点］

根据鸭的临床症状、病理特征与食盐增加史，即可做出诊断。

［防治措施］

严格控制食盐的摄入量，饲料中总盐量不超过0.37%，必须搅拌均匀，盐粒要细，保证供水不间断。若发现可疑食盐中毒，立即停用可疑的原饲料和饮水，并送去检验，改换新鲜的饮用水和饲料。对已经中毒的病鸭，应间断地逐渐增加饮用水或5%葡萄糖溶液饮服。绝大多数病鸭只要及时治疗便会痊愈。

第四节　磺胺类药物中毒

磺胺类药物是一类广谱抗菌药物，在养禽业生产中广泛用于防治细菌性疾病和球虫病，但若应用不当就会引起中毒。磺胺中毒的主要表现是出血综合征和对淋巴系统及免疫功能的抑制。

［病因］

本病的发病原因主要是由于加入日粮中的药片粉碎不细，药物与饲料搅拌不匀，使一部分家禽吃下过多的药物，或大剂量连续用药时间在5～7天以上，都可引起中毒。1月龄以下的雏鸡、体弱的家禽对磺胺类药敏感性更高，若饲料中同时缺乏维生素K时，更易发生中毒。

［主要症状］

急性中毒表现为兴奋、拒食、腹泻、痉挛、麻痹等症状。慢性中毒者，表现精神沉郁，食欲减退或废绝，饮欲增加，可视黏膜黄染，贫血，羽毛松乱，头面部肿胀，皮肤呈蓝紫色，翅膀下出现皮疹，便秘或下痢，粪便呈酱色或灰白色。成年母鸡产蛋量急剧下降，并出现软壳蛋、薄壳蛋，最后衰竭死亡。

［病理变化］

病鸭可见皮肤、肌肉和内部器官出血，皮下有大小不等的出血斑，胸部肌肉弥漫性或刷状出血，大腿内侧斑状出血。肠道有弥漫性出血斑点，盲肠内可能含有血液。腺胃和肌胃角质层下也可能出血。肾脏、肝脏明显肿大。输尿管增粗，并充满尿酸盐。肾盂和肾小管中常见磺胺药结晶。有关磺胺毒性实验报道很多，可观察到胸腺、脾脏和法氏囊等免疫系统的生长、发育都受到明显的抑制，体积减小和重量降低，以及这些器官中的淋巴组织萎缩。

［诊断要点］

根据大剂量连续使用磺胺类药物的病史、中毒症状，结合病理剖检中见到主要器官不同程度的出血，综合分析可作出诊断。

［防治措施］

1. 在应用磺胺类药物时应注意的事项

（1）1月龄以下的雏鸭和产蛋鸭（尤其是产蛋高峰期）最好不用磺胺类药物。

（2）严格掌握磺胺用药剂量，在拌料时要搅拌均匀，连续用药不要超过5天，用药期间要特别注意供给充足的清洁饮水。

（3）尽量选用含抗菌增效剂的磺胺类药物，治疗肠道疾病时应选用在肠内吸收率低的磺胺类药物。

（4）在使用磺胺类药物期间，要提高日粮中维生素C、复合维生素B、维生素K的含量。

2. 治疗　一旦发生中毒，应立即停止用药，给予充足的饮水或1%～3%的碳酸氢钠（小苏打）溶液，于每千克日粮中补给维生素C 0.2克、维生素K 5毫克。同时，还可适当添加多维或复合维生素 B。严重中毒的病鸡，还可口服或肌注维生素 C。此外，用车前草煎水或甘草糖水，可以促进药物的排泄和解毒。

第五节 应激综合征

应激综合征是鸭机体在受到各种不良因素（应激原）的刺激下，通过垂体—肾上腺皮质系统引起的一系列逆反应的疾病。如热应激综合征等。

［病因］

一般认为与饲养管理、环境应激原以及神经传递异常有关。如鸭群过于拥挤，鸭舍卫生和通风不良，致使氨气浓度过高，以及饲养环境灰尘飞扬、闷热、潮湿、噪声大、惊吓、恐惧、突然强力驱赶和追捕、争斗、炎热季节长途运输、转群、多人参加的防疫接种、气候突变以及日粮中缺乏微生物和烟酸等。

［主要症状］

突然发病，精神极度沉郁，站立不稳，有时兴奋不安。脉洪数，心悸亢进，血液浓稠、黑红色，呼吸促迫。最后倒地昏迷，瞳孔散大，反射消失，如不及时抢救，往往迅速死亡。

［病理变化］

应激综合征急性死亡病例的病理变化：主要是胃、肠溃疡，胰脏急性坏死，心、肝、肾实质变性和坏死，肾上腺出血、血管炎乃至肺坏疽、猝死的鸭肌肉苍白、柔软、液体渗出。

［诊断要点］

临床上常见的有以下几种类型。

1. 猝死性应激综合征 或称“突毙综合征”，主要是受到强烈应激原的刺激时，无任何临床症症而突然死亡。如过于惊恐，或运输时过度拥挤等，都可能由于神经过于紧张，“交感—肾上腺”系统受到剧烈刺激时活动过强，引起休克或循环虚脱，造成猝死。

2. 恶性过热综合征 主要为运输应激、热应激和拥挤等，鸭全身颤抖，呼吸困难，肌肉僵硬，体温增高，直至死亡。

3. 急性肠炎 由大肠杆菌引起，多表现下痢，与应激反应有关的非特异性炎性病理过程。

［防治措施］

1. 预防

（1）*加强预防和减少应激的观念* 特别在主要的传染病得到控制之后，往往更容易忽视应激对鸭生长发育、生产性能、抗病力和免疫力的影响所造成的经济损失。

（2）加强饲养管理　在整个饲养过程中，始终要保持饲料中营养成分的平衡，并在特殊情况下注意及时补充多种维生素及矿物质。在阴雨季节严防饲料发霉。所喂饲料的质量不但要可靠，而且要相对稳定。一旦发现质量有问题，要及时调整。注意鸭群的稳定性，尽可能避免随意混群。在运输过程中尽量减少和减轻动态应激源对鸭的影响。

（3）改善环境条件　这是预防和减少环境应激源对鸭群造成不良影响的重要工作之一。改善环境的清洁卫生状态，清除周围环境的各种污染；舍饲的鸭群要注意适当的饲养密度、适中的光线、良好的通风、适宜的温度，避免或减少噪音的干扰。给鸭群的生存创建一个良好和安全的环境条件。

（4）做好重大疫病预防接种工作　根据当地目前主要的重大疫病，制定实际、科学的免疫程序，选择高质量、优秀的疫苗，及时进行预防接种，并保证接种的质量，把严防应激与科学预防接种结合起来，这才是保证养鸭业健康发展的重要的策略。

（5）及时采用药物预防　在捕捉、运输或免疫接种之前 1 小时，每千克饲料中补充维生素 C 100～200 毫克，同时添加维生素 E 和 B 族维生素，有更佳的抗应激作用。延胡索酸可按 0.2%拌料饲喂，这是一种应激保护剂。它能提高鸭群的存活率和生产性能。琥珀酸盐可按 0.1%的浓度拌料饲喂，它能使处于应激状态的鸭群较快地恢复正常生理状态和维持正常的产蛋水平。

2. 治疗

（1）消除应激源　在患鸭出现症状之后，如果确诊为应激综合征，应针对不同的应激因素采取相应的措施给予及时消除。

（2）采用药物治疗　每千克饲料可添加维生素 C 100～300 毫克；或每千克饲料添加杆菌肽锌盐 40 毫克，同时添加维生素 E 及亚硒酸钠，可以增强机体的免疫和抗自由基系统的功能。

第六节　公鸭阴茎脱垂症

公鸭阴茎脱垂，俗称“掉鞭”，是鸭群常见疾病，公鸭常因此而失去交配功能，不能留做种用，进而导致公、母鸭比例失调，严重影响经济效益。

[病因]

公、母鸭在陆地上交配时，其他公鸭追逐并啄正在交配中的公鸭阴茎，或交配后公鸭阴茎未缩回至泄殖腔之前与地面发生摩擦，致使阴茎受伤、出血，感染细菌后发炎、水肿，甚至溃疡而无法缩回。公鸭在严冬交配导致冻伤，或水上交配被蚂蟥、鱼类咬伤，或交配频繁致阴茎受损，都可归为阴茎脱垂症。

[主要症状]

发病公鸭精神略有委靡，不爱运动，采食量减少。阴茎脱垂不能收回，脱垂的阴茎约长1厘米，初期潮红，发炎肿胀，约数小时后变成紫红色，其表面沾有粪便、垫草碎末、沙粒等污物。有的脱垂阴茎被其他鸭咬啄，拖拽造成出血。时间稍长，导致阴茎萎缩、干瘪，成为黑色的条状垂于体外。

[诊断要点]

公鸭性欲减退，甚至阳痿，爬跨后不见阴茎伸出；阴茎脱垂于体外，严重充血，严重病例出现3～5倍肿大。

[防治措施]

对病初阴茎不能回收的病鸭，迅速隔离治疗，让鸭仰卧，用0.1%高锰酸钾水冲洗干净，涂上凡士林、红霉素、磺胺软膏，并用手轻轻将阴茎推纳、整复回去。

对公鸭，每只按1万～2万国际单位青霉素，2万～4万国际单位链霉素混合肌内注射，1日两次，连注3天。经采取上述措施收到良好的防治效果。如果发炎部位形成溃疡、坏死，就不易治愈，可将病鸭淘汰。

另外，应注意垫草清洁，搞好环境卫生。并按防疫程序，及时注射大肠杆菌疫苗。

第七节　光过敏症

在肉鸭饲养过程中，养鸭户常碰到肉仔鸭发生上喙畸形、出现水疱及溃疡为特征的光过敏症，养殖户常认为是超剂量使用药品原因引起的，其实是由于鸭食了含有光过敏物质的饲料、野草及某些药物，经阳光照射一段时间后发生的一种疾病。发病率可达20%～60%，严重者高达90%。

[病因]

鸭光过敏症是鸭采食含有光过敏物质后，在阳光的紫外线直接照射下引起鸭上喙上卷、外翻变形及出现出血性斑点或水疱，蹼上皮出现水疱或溃疡为特征的病变。其病因主要为：

1. 某些植物种子、块根，如大软骨草子、川芎的根块，均含有较多的光过敏或荧光素物质，肉鸭摄食含有该过敏物质的饲料或药物（如某些复方中草药），经过阳光连续照射一段时间，即可发病。

2. 试验和临床情况表明，肉鸭摄食过量的喹乙醇，也会表现类似的症状与病理变化。

3. 养殖户为了添加钙、磷而选用含氟过量的钙、磷源时，也会引起该病的发生。

4. 据报道，肉鸭摄食过量含氟喹诺酮类药物，如诺氟沙星、左氟沙星、氧氟沙星等，可诱发该病的发生。氟能引起动物软骨组织代谢、发育阻碍。同时，氟喹诺酮类药物将引起光敏反应、药疹、皮肤瘙痒、烧灼伤，影响动物软骨组织代谢和发育。

5. 饲养在化学物质严重污染的水环境中，也可发生类似症状。

6. 生长、生活在没有遮阳条件的环境中，受强太阳光的照射下，易引起该病的发生。

7. 白羽肉鸭具有光过敏反应的特异性，常常多发光过敏症。

[主要症状]

患病肉仔鸭在无毛区，也就是在鸭的上喙背面、蹼的表面的颜色随着病程加重，由橘红黄色向橘黄色、淡黄色、粉白色转变，质地脆弱，稍微搓捏病灶，表皮将撕裂、破溃、脱落，露出弥漫性的炎症，发病 1～3 天后出现水疱，水疱有黄豆大小，有的甚至有蚕豆大，随着病情发展，上喙开始变形、变短，或向上向外翻，水疱出现破裂后形成结痂，病情严重的个体舌尖外露，影响进食，眼睛流泪，结膜发炎，严重时发生粘连。如无细菌、病毒继发感染，内脏器官除消化道空虚外，无其他明显的可视病变。肉鸭在整个发病期间，体温一般正常，只有个别病鸭因溃疡面受感染而引起体温升高。由于上喙的变形，严重影响肉鸭水中觅食和采食能力，大大地减少饲料的采食量，体重变轻，有的变为僵鸭，若无继发感染，除了长时间采食量不足引起营养不良、衰竭死亡外，一般不会发生死亡，但残次率高，卖相差。

[病理变化]

主要见上喙和脚蹼出现弥漫性炎症、水疱以及水疱破溃后形成结痂、变色和变形。皮下血管血液凝固不良，呈紫红色。舌尖部坏死，十二指肠卡他性炎症。有些病例还可见到肝脏有大小不等的坏死点。

[诊断要点]

鸭的上喙背侧出现水疱、前端和两侧向上扭转或翻卷，缩短。舌头外露或坏死，鸭的脚蹼也可出现水疱。有些病例初期眼睛发生结膜炎，后期眼睑黏合，失明。

[防治措施]

更换饲料，保证饲料中不含光过敏物质，同时用麦麸代替含有大软骨草草子的次粉或啤酒渣。选用含氟量达标的钙、磷源作为饲料添加剂。饲料中添加抗细菌和抗病毒的药物，以防继发感染而引起肉鸭的死亡。如添加山东六和集团生产的六和肠乐。补充足量维生素A、维生素D、维生素E、维生素C与烟酸和提高饲料的营养水平，特别是赖氨酸和蛋氨酸的水平，以加强机体抵抗能力和解毒功能，同时添加青饲料。

在治疗肉鸭疫病过程中，尽量少用含喹乙醇类或氟喹诺酮类药物，而使用利福平、丁氨卡那、硫酸新霉素、强力霉素、红霉素等其他抗生素药物。

在鸭的栖息场地搭上凉棚，减少阳光直接照射时间。加强饲养管理，保持场地的干燥和卫生，保持水源的清洁，做好防暑降温工作，注意早、晚和夜间肉鸭的保温工作，认真做好环境卫生工作，特别是消毒、灭菌工作，使肉鸭处于舒适的环境中。

对有眼结膜炎的可用利福平眼药水定期冲洗，或用金霉素眼膏涂擦，1日数次，以减轻症状；对上喙背面、脚蹼表面溃疡灶进行冲洗消毒，涂擦紫药水或碘甘油，以防水的浸润及细菌、病毒的感染，促进病鸭尽快痊愈、康复，提高机体抵抗力。

第八节　鸭淀粉样变病

鸭淀粉样变病又名“鸭大肝病”或“鸭水裆病”，是一种慢性疾病，是与多种因素（如年龄、性别、品种、饲养管理、恶劣环境及慢性感染疾病等）有关的一种慢性疾病。

[病因]

关于本病发生的原因还没有确切的了解。一般认为本病与饲养管理、恶劣的环境、有害因素、年龄、遗传特点、动物的适应性和沙门氏菌、大肠杆菌的毒素慢性中毒有关。本病主要见于成年鸭，且以成年产蛋鸭为主，罕见于公鸭。

[主要症状]

该病初期症状不明显，不易察觉，仅见病鸭沉郁喜卧，不愿活动或行动迟缓，食欲正常或减少。有的病鸭腿脚肿胀，严重者跛行。病鸭不愿下水，如强迫下水则很快上岸卧地。鸭行走打晃，常见腹部因有腹水而膨大、下坠，故名“水裆病”。腹部触诊有多量液体，有时可摸到大而质硬的肝脏。有的鸭呈企鹅式站立。病鸭死前看不出明显的挣扎症状。

[病理变化]

对病鸭进行解剖，有腹水，浅黄色，透明。内脏器官表面粗糙，有纤维素。常有卵黄性腹膜炎。腹部因有腹水而增大、下垂。肝脏明显肿大1～3倍，故名“大肝病”。颜色一般为棕黄色，质度较韧，橡皮样，切面质密。卵巢与输卵管多为萎缩、停产状态，卵巢充血或出血。

[诊断要点]

鸭行走打晃，常见腹部因有腹水而膨大、下坠。腹部触诊有多量液体，有时可摸到大而质硬的肝脏。

[防治措施]

由于本病病因复杂，尚无有效防治办法。鸭的饲养管理和环境卫生是十分重要的，特别要防止粪便污染饮水。做好疫病的防疫接种工作，尤其重要的是接种大肠杆菌油乳剂灭活苗。常发生本病的鸭群，要经常饲喂微生态制剂。对环境和水塘的有害微生物引入生物竞争因素，有利于减少污染的程度。

第九节　皮下气肿

皮下气肿，俗称气嗉或气脖子病，是由于大量空气窜入颈部皮下所引起的颈部臌气。本病多发生于雏鸭和中鸭时期，偶尔亦可见于填鸭。

[病因]

这种病是由于管理不当、粗暴捉拿，使颈部气囊或锁骨下气囊破裂，或因其他尖锐物刺破气囊而使气体溢于皮下，形成皮下气肿。此外，也可因肱骨、乌喙骨和胸骨等有气腔的骨骼发生骨折时，使气体窜入皮下。

[主要症状]

颈部气囊破裂，可见颈部羽毛逆立，轻者气肿局限于颈的基部，重者可延伸到颈的上部，并且在口腔的舌系带下部出现臌胀。若腹部气囊破裂或由颈部延到胸腹部皮下，则胸腹围增大，确诊时胸腹壁紧张，叩诊呈鼓音。如不及时治疗，气肿继续增大。病鸭表现精神沉郁、呆立和呼吸困难。

[诊断要点]

以病鸭出现颈部或腹部气肿为主要特性，较易做出判定。

[防治措施]

饲喂时注意避免鸭群拥挤摔伤，捉拿时防止粗暴摔碰，避免损伤气囊。发生皮下气肿后，可用注射针头刺破臌胀部皮肤，使气体放出，但不久又会膨胀，必须多次放气方能奏效。最好用烧红的铁条，在臌胀部烙个破口，将空气放出。因烧烙的伤口暂时不易愈合，所以可将溢出的气体随时排出来而缓解症状，逐渐痊愈。

第七章 防治鸭病常用药物及疫苗

第一节 常用治疗药物

一、抗菌药和抗病毒药

青霉素（苄青霉素、青霉素G）

［作用与用途］

青霉素G抗菌作用很强，主要对多种革兰氏阳性细菌和少数革兰氏阴性细菌有抑菌（低浓度）和杀菌（高浓度）作用。对各种螺旋体和放线菌有强大的抗菌作用，但对病毒、立克次氏体、衣原体、真菌和结核杆菌等无效。一般细菌对青霉素不易产生耐药性，但金黄色葡萄球菌可渐进性产生耐药菌株。临床上用于对鸭的链球菌病、葡萄球菌病、支原体病、坏死性肠炎等的治疗。青霉素G与链霉素联用治疗禽霍乱效果特佳。

［用量与用法］

肌内注射：每千克体重2万国际单位，1日2次，3天为一疗程。

［注意事项］

青霉素的不良反应是过敏反应，但家禽临床应用尚未见不良反应；不耐酸，不宜内服；不宜与四环素、土霉素、卡那霉素、庆大霉素、磺胺药的钠盐等混合应用，否则会降低或丧失青霉素的抗菌作用。

氨苄青霉素（氨苄西林、安必仙）

［作用与用途］

本品为广谱抗生素，对革兰氏阳性及阴性菌都有抑制作用，但对革兰氏阳性菌的作用不及青霉素，对耐青霉素的金黄色葡萄球菌无效。本品与其他半合成青霉素、氨基苷类抗生素联合应用具有协同作用。临床上用于对大肠杆菌病、鸭副伤寒、鸭霍乱的治疗。

［用量与用法］

内服：每千克体重10～20毫克；混饮：每升水加50～100毫克；拌料：0.02%～0.05%；肌内注射：每千克体重40毫克，1日2次，连用3～5天。

［注意事项］

本品的钠盐水溶液久置降低疗效，应尽快用完；不宜与四环素、土霉素、卡那霉素、庆大霉素、磺胺药的钠盐等混合应用，否则会降低或丧失抗菌作用。

头孢菌素类（先锋霉素类）

［作用与用途］

本品是广谱抗生素，对革兰氏阳性菌（包括对青霉素耐药性菌株）有强大的抗菌作用，对革兰氏阴性菌也有抗菌作用，但对结核杆菌、真菌等无效。临床上用于鸭葡萄球菌病、链球菌病、大肠杆菌病的防治，对鸭霍乱、鸭副伤寒亦有一定的疗效。

［用量与用法］

注射用先锋霉素Ⅰ：肌内注射：每千克体重10～20毫克，1日1～2次，连用3～5天。

头孢氨苄：内服：每千克体重10～25毫克，1日1～2次，连用3～5天。

［注意事项］

本品宜与庆大霉素联合应用，与青霉素之间偶尔有交叉过敏反应。

硫酸链霉素

［作用与用途］

本品抗菌谱较广，对革兰氏阴性菌和结核杆菌有杀灭作用，对支原体、放线菌和葡萄球菌的某些菌株也有作用。临床上用于治疗鸭结核病、鸭霍乱、大肠杆菌病及鸭副伤寒等。

［用量与用法］

混饮：每升水中加30～120毫克；肌内注射：每千克体重3万～5万国际单位，1日2次。

［注意事项］

本品剂量过大或用药时间过长会出现严重的毒性反应，即呼吸衰竭、肢体瘫痪和全身无力等症状，严重者可致死。蛋鸭产蛋期禁用。

硫酸卡那霉素

［作用与用途］

本品对大多数革兰氏阴性菌有强大的抗菌作用，对金黄色葡萄球菌和结核杆菌也有作用，但对其他革兰氏阳性菌则作用很弱。临床用来治疗禽霍乱、大肠杆菌病、禽副伤寒、葡萄球菌病、禽结核病等。

［用量与用法］

混饮：每升水加 30～120 毫克；肌内注射：每千克体重 30～120 毫克。

[注意事项]

本品对肾脏和听神经有毒害作用，不宜使用时间过长或剂量过大。

硫酸庆大霉素（正泰霉素）

[作用与用途]

本品是最常用的氨基苷类抗生素，其抗菌活性最强，对多种革兰氏阳性菌及革兰氏阴性菌等都有抗菌作用，对结核杆菌、支原体亦有较强的作用。本品与青霉素或头孢菌素合用抗菌谱扩大，抗菌活性增强，临床上常用于各种敏感菌所致的呼吸道、肠道感染以及败血症等，如禽霍乱、禽副伤寒、衣原体病、大肠杆菌病等。

[用量与用法]

混饮：每升水加 20～40 毫克；肌内注射：雏鸭每只每次 3～5 毫克，成年鸭每千克体重 10～15 毫克，1 日 2 次；用 5%的庆大霉素溶液浸泡种蛋，能杀灭沙门氏菌、大肠杆菌。

庆大-小诺霉素

[作用与用途]

本品对多种革兰氏阳性菌和革兰氏阴性菌均有抗菌作用，尤其对革兰氏阴性菌的作用较强。抗菌活性略高于庆大霉素。而毒副作用较同剂量的庆大霉素低。临床上常用于禽霍乱、禽副伤寒、大肠杆菌病、链球菌病等疾病的治疗，对支原体病也有疗效。

[用量与用法]

肌内注射：雏鸭每只每次 3～5 毫克，青年、成年鸭每次每千克体重 4～6 毫克，1 日 2 次。

新霉素（弗氏霉素）

[作用与用途]

抗菌范围与卡那霉素相仿，因对肾、耳毒性较强，而且能阻滞神经肌肉接头，抑制呼吸，一般不作注射给药和全身应用。

[用量与用法]

饮水：每升水加 35～70 毫克；拌料：每千克饲料加 70～140 毫克。

金霉素（氯四环素）

[作用与用途]

临床上常用于预防和治疗禽副伤寒、禽霍乱、支原体病、大肠杆菌病等，对球虫亦有一定的抑制作用。

［用量与用法］

拌料：每千克饲料加200～600毫克。

强力霉素（脱氧土霉素）

［作用与用途］

本品是一种长效、广谱、高效低毒的抗生素，对革兰氏阳性菌及革兰氏阴性菌均有较强的抑制作用。临床上常用于禽霍乱、禽副伤寒、大肠杆菌病、支原体病等疾病的防治。

［用量与用法］

内服：雏鸭每次每只3～5毫克，1日1～2次，青年、成年鸭每千克体重8～10毫克，1日2次；拌料：每千克饲料加100～200毫克。

红　霉　素

［作用与用途］

本品的抗菌谱与青霉素相似。对大多数革兰氏阳性菌如金黄色葡萄球菌（包括耐青霉素菌株）、链球菌、李氏杆菌等均有较强的抗菌作用；对部分革兰氏阴性菌如巴氏杆菌、嗜血杆菌等有一定的抗菌作用；对支原体、衣原体、螺旋体等也有抑制作用，但对大肠杆菌、沙门氏菌等均无效。临床上主要用于防治支原体病、葡萄球菌病、链球菌病、坏死性肠炎、衣原体病等。也可预防环境引起的应激。

［用量与用法］

饮水：每升水加100毫克；拌料：每千克饲料加20～50毫克，连用3～5天。

［注意事项］

本品忌与酸性物质配伍，也不能与青霉素同用。

氟苯尼考（氟甲砜霉素）

［作用与用途］

本品为动物专用的广谱抗生素。主要用于鸭的大肠杆菌病、巴氏杆菌病等。

［用量与用法］

内服（以氟苯尼考计）：雏鸭每次每只20～30毫克，1日2次，连用3～5日。

[注意事项]

肉鸭的休药期为 10 天。

林可霉素（洁霉素、林肯霉素）

[作用与用途]

本品对大多数革兰氏阳性菌有较强的抗菌作用，对支原体也有显著的作用。临床上主要用于治疗支原体病、鸭坏死性肠炎、葡萄球菌病、链球菌病等。

[用量与用法]

内服：每千克体重 15～30 毫克，每日 2 次；混饮：每升水加 20 毫克，连用 3～5 日。

北里霉素（柱晶白霉素）

[作用与用途]

本品对革兰氏阳性菌有较强的抗菌作用，对某些革兰氏阴性菌、支原体、立克次氏体、螺旋体等也有效。临床上用于防治革兰氏阳性菌所致的感染，尤其是用于治疗支原体病。

[用量与用法]

混饮：每升水加入 250～500 毫克；拌料：每千克饲料加 110～330 毫克。

泰乐菌素（泰农）

[作用与用途]

本品系畜禽专用抗生素，对革兰氏阳性菌及一些革兰氏阴性菌有抗菌作用，对支原体、螺旋体等均有抑制作用，尤其对支原体特别有效。

[用量与用法]

内服：成年鸭每千克体重 25 毫克，每天 1 次；混饮：每升水加入 500～800 毫克；拌料：每千克饲料加 20～50 毫克。

[注意事项]

本品的水溶液遇铁、铜、铝等离子容易形成混合物而失效。

多 黏 菌 素

[作用与用途]

本品对革兰氏阴性菌有强大的抗菌作用，低浓度抑菌，高浓度杀菌，而对革兰氏阳性菌和真菌则无作用。临床上主要用于治疗革兰氏阴性菌所致的各种感染。

［用量与用法］

内服：为每千克体重 3 万～8 万国际单位，1 日 1～2 次。

［注意事项］

本品对肾脏和神经系统有明显的毒性，应用时剂量不宜过大，疗程不宜过长；不能与庆大霉素、链霉素等氨基苷类抗生素合用，否则会增强其毒性；内服不吸收，故不能用于全身感染性疾病的治疗。

杆 菌 肽

［作用与用途］

本品对各种革兰氏阳性菌有杀菌作用，对少数革兰氏阴性菌、螺旋体、放线菌也有效。此药的抗菌作用不受脓、血、坏死组织或组织渗出液等影响。本品内服几乎不被吸收，临床上常与链霉素、新霉素、多黏菌素 B 等合用，治疗各种家禽的细菌性肠道疾病。

［用量与用法］

混饮（杆菌肽锌）：每升水加 26 毫克预防，每升水加 53～106 毫克治疗禽坏死性肠炎。

诺氟沙星（氟哌酸）

［作用与用途］

本品是第三代喹诺酮类抗菌药，具有抗菌谱广，抗菌作用强，吸收、排泄迅速等优点。对绝大多数革兰氏阴性菌有良好的作用，对庆大霉素、氨苄青霉素的耐药菌株也有效，对支原体亦有作用。临床上主要用于禽副伤寒、大肠杆菌病、禽霍乱、禽链球菌病以及支原体病等疾病的防治。

［用量与用法］

混饮：每升水加 50～100 毫克；拌料：每千克饲料加 100～150 毫克。

环丙沙星（环丙氟哌酸）

［作用与用途］

本品为第三代喹诺酮类广谱抗菌药，目前广泛应用于兽医临床，对大多数革兰氏阳性菌、革兰氏阴性菌、绿脓杆菌、支原体均有较强作用。临床上主要用于大肠杆菌病、禽副伤寒、链球菌病、禽霍乱、支原体病等。

［用量与用法］

混饮：每升水加 50 毫克，连用 3～5 天；肌内注射：每千克体重 2.5～5 毫克，1 日 2 次。

恩诺沙星（乙基环丙沙星）

［作用与用途］

本品为动物专用的第三代喹诺酮类广谱抗菌药，抗菌作用与环丙沙星相似，但抗支原体的效力较强，对泰乐菌素、硫黏菌素耐药的支原体对本品仍敏感。临床上用于治疗家禽大肠杆菌、沙门氏菌、巴氏杆菌、链球菌、葡萄球菌和支原体等所引起的呼吸道、消化道感染。

［用量与用法］

混饮：每升水加50毫克；拌料：每千克饲料加100毫克；肌内注射：每千克体重2.5毫克，1日2次，连用3天。

氧氟沙星（氟嗪酸）

［作用与用途］

本品抗菌谱广，对革兰氏阳性菌、阴性菌和部分厌氧菌及支原体均有效，具有口服吸收完全，血液中有效浓度高，半存留期长等特点。临床上主要用于家禽的各种细菌和支原体的感染。

［用量与用法］

混饮：每升水加50～100毫克；肌内注射：每千克体重3～5毫克，1日3次，连用3～5天。

磺胺二甲嘧啶（SM2）

［作用与用途］

本品对球虫有较好的抑制作用。临床上主要用于治疗禽霍乱、禽副伤寒和球虫病等。

［用量与用法］

内服：每千克体重50～80毫克，1日1～2次，首次量加倍；拌料：混饲浓度为0.4%～0.5%；混饮：浓度为0.1%～0.2%。

磺胺-5-甲氧嘧啶（磺胺对甲氧嘧啶、SMD）

［作用与用途］

本品对革兰氏阳性菌、革兰氏阴性菌有良好的抗菌作用；对球虫也有较强的抑制作用，与甲氧苄氨嘧啶合用，可增强其抗菌作用。临床上主要用于治疗鸭霍乱、鸭链球菌、鸭副伤寒和球虫病。

［用量与用法］

内服：每千克体重 50～80 毫克，1 日 1 次，首次量加倍；拌料：混饲浓度为 0.05%～0.2%；混饮：浓度为 0.025%～0.05%。

［注意事项］

本品不宜长期使用，连续使用一般不超过 1 周；鸭产蛋期间和鸭宰杀前 10 天禁止使用。

三甲氧苄氨嘧啶（甲氧苄氨嘧啶、TMP）

［作用与用途］

本品的抗菌谱与磺胺药相似，为抗菌抑菌剂，抗菌作用较强，对大多数革兰氏阳性菌和革兰氏阴性菌均有抑制作用；能增强磺胺药的疗效，对多种抗生素如四环素、红霉素、庆大霉素等也有明显增效作用，可增加数倍至数 10 倍。甲氧苄氨嘧啶因易产生耐药性，很少单独应用。临床上常用甲氧苄氨嘧啶与磺胺类药或抗生素并用，一般按 1∶5 的比例配合，用于治疗鸭大肠杆菌败血症、禽霍乱、球虫病等。

［用量与用法］

内服：每千克体重 10 毫克，1 日 2 次。

［注意事项］

鸭产蛋期间和鸭宰杀前 10 天禁止使用。

制 霉 菌 素

［作用与用途］

本品具有广谱抗真菌作用，尤其对念珠菌属的真菌作用显著。临床上用于治疗鸭曲霉菌病、鹅口疮等真菌病。

［用量与用法］

内服：雏鸭每只每次用 5 000～1 万国际单位，成年鸭每千克体重 1 万～2 万国际单位，1 日 2 次，连用 3～5 天。

克霉唑（三苯甲咪唑、抗真菌 1 号）

［作用与用途］

本品为光谱抗真菌药，毒性低，内服易吸收。临床上主要用于防治鸭真菌疾病。

［用量与用法］

内服：雏鸭每只每次 5～10 毫克，成年鸭每千克体重 10～20 毫克，1 日 2 次。

二、抗寄生虫药及杀虫药

左旋咪唑（左咪唑、左噻咪唑）

［作用与用途］

本品为广谱、高效、低毒、使用方便的驱虫药，还具有调节免疫功能的作用。临床上可作为免疫增强剂应用。

［用量与用法］

内服：1次量，每千克体重25～30毫克；拌料、混饮，按每千克体重20～40毫克。

丙硫苯咪唑（抗蠕敏、阿苯唑）

［作用与用途］

本品是国内兽医临床上使用最广泛的新型驱虫药，具有广谱、高效、低毒的特点，对家禽体内的线虫、绦虫、吸虫均有良好的驱虫作用。

［用量与用法］

内服：1次量，每千克体重20～25毫克。

［注意事项］

鸭产蛋期间尽量不用，否则会影响产蛋率。

硫双二氯酚

［作用与用途］

本品对家禽的多种绦虫和吸虫均有良好的驱虫效果，是国内目前广泛应用的驱虫药。

［用量与用法］

内服：1次量，每千克体重100～150毫克。

氢溴酸槟榔碱

［作用与用途］

本品是传统使用的驱绦虫药，临床上主要用于驱除鸭剑带绦虫、膜壳绦虫。

［用量与用法］

内服：1次量，每千克体重1～2毫克。

［注意事项］

本品用量不宜过大，瘦弱鸭用量应适当减少，幼鸭慎用。

吡　喹　酮

[作用与用途]

本品为新型高效、低毒的广谱驱虫药，是目前较为理想的一种驱虫药。临床上主要用于治疗鸭绦虫病、吸虫病及血吸虫病。

[用量与用法]

内服内服：1 次量，每千克体重 20～30 毫克。

氯　苯　胍

[作用与用途]

本品为近年来广泛应用的抗球虫药，对鸡的各种球虫及鸭球虫有良好的预防作用。长期连续应用仍可引起耐药性。

[用量与用法]

内服：1 次量，每千克体重 10～15 毫克。拌料：每千克饲料加 400～600 毫克。

盐酸氨丙啉（安宝乐）

[作用与用途]

氨丙啉是 20 世纪 60 年代上市的抗球虫药，具有高效、安全、不易产生耐药性的优点，至今仍广泛应用。

[用量与用法]

拌料：每千克饲料加 100～125 毫克。

[注意事项]

长期应用高浓度剂量，能引起雏鸭 B 族维生素缺乏症，增喂 B 族维生素虽可减弱毒性反应，但每千克饲料中的 B 族维生素含量超过 10 毫克时，抗球虫作用即开始减弱。

杀球灵（地克珠利）

[作用与用途]

本品是一种新型广谱抗球虫药，具有高效、低毒的特点，是目前用药浓度最低的抗球虫药。

[用量与用法]

拌料：每千克饲料加 1 毫克；饮水：每升水加 0.5～1 毫克，连用 5～8 天。

[注意事项]

本品药效期较短，停药 1 天，抗球虫作用即明显减弱。因此，必须连续用药，以防球虫病再度暴发。由于用药浓度较低，在本品加入饲料后必须充分拌匀。

磺胺喹噁啉（SQ）

[作用与用途]

本品为磺胺药中专供抗球虫病用的药物，至今仍广泛应用。临床上用于防治鸭的球虫病。

[用量与用法]

拌料：每千克饲料加125毫克。

伊维菌素（害获灭）

[作用与用途]

本品为新型大环内酯类抗生素类驱虫药，具有广谱、高效、低毒、用量小等优点，对畜禽各种线虫、昆虫和螨均具有良好的驱虫活性。临床上主要用于治疗畜禽的各种线虫、疥螨以及家禽羽虱等，但对绦虫和吸虫无驱杀作用。

[用量与用法]

皮下注射：每千克体重0.2毫克。

马拉硫磷（马拉松）

[作用与用途]

本品无内吸杀虫作用，主要具有触杀和胃毒杀作用，也有微弱的熏蒸作用，是一种高效、速效、低毒的杀虫药，对蚊、蝇、虱、蜱、螨及臭虫等均有杀灭作用。

[用量与用法]

应用3%粉剂喷洒，按每立方米使用50～100克，可以杀灭蜱、螨、蚤等；应用1.25%乳剂喷雾或4%粉剂喷洒可以驱除家禽体外寄生虫。

[注意事项]

本品切忌与碱性物质或氧化物接触；1月龄以内的鸭禁用。

胺　菊　酯

[作用与用途]

本品是合成的除虫菊酯类杀虫剂，对蚊、蝇、虱等均有杀灭作用，对昆虫击倒作用的速度居拟除虫菊酯类杀虫药之首，但由于部分虫体又能复活，一般多与苄呋菊酯合用，则具有互补增效作用。本品多制成蚊香剂和气雾剂使用。对人、畜安全，无刺激性。

［用量与用法］

胺菊酯、苄呋菊酯的喷雾剂（含 0.25%胺菊酯、0.12%苄呋菊酯）供鸭舍喷雾用。

第二节　常用消毒药物

氢氧化钠（苛性钠）

［作用与用途］

杀菌作用很强，对部分病毒和细菌芽孢均有效，对寄生虫卵也有杀灭作用。主要用于鸭舍、器具和运输车船的消毒。

［用量与用法］

2%的溶液用于病毒、细菌污染的鸭舍、饲槽、运输车舍的消毒，但在消毒鸭舍时，应先驱出鸭，隔 12 小时用水冲洗后方可进入。

［注意事项］

本品对机体有腐蚀作用，对铝制品、纺织品等有损坏作用。高浓度氢氧化钠溶液可烧伤皮肤组织，使用时要非常小心。

生　石　灰

［作用与用途］

对大多数繁殖型细菌有较强的杀菌作用，但对芽孢及结核杆菌无效。常用于鸭舍墙壁、地面、运动场地、粪池及污水沟等的消毒。

［用量与用法］

常用石灰乳消毒，由生石灰加水配成 10%～20%的石灰乳。

［注意事项］

石灰乳应现用现配，不宜久贮，以防失效。

漂白粉（含氯石灰）

［作用与用途］

本品能杀灭细菌、芽孢和病毒，杀菌作用强但不持久，在酸性环境中药效增强，在碱性环境中杀菌作用减弱。主要用于鸭舍、用具、运输车船、饮水及排泄物的消毒。

［用量与用法］

0.03%～0.15%用于饮水消毒，1%～3%溶液可用于饲槽、饮水槽及其他非金属用具的消毒，5%～20%混悬液喷洒（也可用干燥粉末喷撒）用于鸭舍及场地消毒，10%～20%混悬液用于排泄物消毒。

[注意事项]

本品应放于阴凉干燥处保存，不可与易燃、易爆物品放在一起，不能用于有色织物和金属用具的消毒，宜现用现配，久放易失效。本品刺激性强，接触时需小心。

高锰酸钾

[作用与用途]

本品为强氧化剂。常利用高锰酸钾的氧化性能来加速福尔马林蒸发而起到空气消毒作用。

[用量与用法]

0.1%的水溶液用于皮肤、黏膜创面的冲洗及饮水消毒，2%～5%的水溶液用于杀死芽孢及污物桶的洗涤。

[注意事项]

高锰酸钾水溶液遇到如甘油、酒精等有机物而失效，遇氨及其制剂即产生沉淀，禁忌与还原剂如碘、糖等合用，宜现用现配。

甲醛

[作用与用途]

具有强大的广谱杀菌作用，对细菌、芽孢、霉菌和消毒均有效。常用于污染的鸭舍、用具、排泄物及室内空气的消毒，以及器械、标本、尸体的消毒防腐，还可用于种蛋的消毒。

[用量与用法]

0.25%～0.5%的甲醛溶液用于鸭舍、孵化室等污染场地的消毒，2%福尔马林（0.8%甲醛）用于器械消毒。

熏蒸消毒法：每立方米空间需要甲醛溶液 15～30 毫升，放置在陶制容器或玻璃器皿中加等量水加热蒸发，或以 2∶1 比例加入高锰酸钾（即 30 毫升甲醛溶液加 15 克高锰酸钾）氧化蒸发，蒸发消毒 4～10 小时。

[注意事项]

熏蒸消毒法消毒时，室温不应低于 15℃，相对湿度应为 60%～80%，否则消毒作用减弱。

过氧乙酸（过醋酸）

[作用与用途]

本品属强氧化剂，是高效、速效消毒防腐药，具有杀菌作用快而强、抗菌谱广的特点，对细菌、病毒、霉菌和芽孢均有效。本品可用于耐酸塑料、玻璃、搪瓷和用具的浸泡消毒，还可用于鸭舍地面、墙壁、食槽的喷雾消毒和室内空气消毒。

[用量与用法]

0.04％～0.2％溶液用于耐酸用具的浸泡消毒，0.05％～0.5％的溶液用于鸭舍及周围环境的喷雾消毒。

[注意事项]

本品稀释后不宜久贮（1％溶液只能保持药效几天），对金属也有腐蚀作用，对组织有刺激性和腐蚀性。消毒时应注意自身防护，避免刺激眼、鼻黏膜。

复合酚（毒菌净、菌毒敌、菌毒灭）

[作用与用途]

本品是广谱、高效消毒剂之一，对多种细菌和病毒有杀灭作用，也可杀灭多种寄生虫卵。主要用于被病毒、细菌、霉菌等污染的鸭舍、用具、环境场地以及运输车船的消毒。

[用量与用法]

0.35％～1％溶液用于常规消毒及被细菌污染的鸭舍、用具消毒，1％溶液常用于病毒性疾病的鸭舍、环境场地及用具的消毒。

[注意事项]

本品在严格控制下使用，禁止与碱性消毒药配伍。

煤酚皂溶液（甲酚、来苏儿）

[作用与用途]

本品对大多数繁殖型细菌有强烈的杀菌作用，同时也可以杀灭寄生虫，对结核杆菌、真菌有一定的杀灭作用，能杀灭亲脂性病毒，但对细菌芽孢和亲水性病毒作用不可靠。主要用于栏舍、用具与排泄物的消毒。

[用量与用法]

3％～5％煤酚皂溶液用于鸭舍及用具消毒，5％～10％煤酚皂溶液用于排泄物消毒。

[注意事项]

由于有臭味，不宜用于肉品、蛋品的消毒。

新洁尔灭（溴苄烷铵）

[作用与用途]

抗菌谱较广，对多种革兰氏阳性和阴性细菌有杀灭作用，但对阳性细菌的杀菌效果显著强于阴性菌，对多种真菌也有一定作用，但对芽孢作用很弱，也不能杀死结核杆菌。本品杀菌作用快而强，毒性低，对组织刺激性小，较广泛用于皮肤、黏膜的消毒，也可用于鸭用具和种蛋的消毒。

［用量与用法］

0.1%水溶液用于蛋壳的喷雾消毒和种蛋的浸洗消毒（浸洗时间不超过 3 分钟），0.1%水溶液还可用于皮肤黏膜消毒，0.15%～2%水溶液可用于鸭舍内空间的喷雾消毒。

［注意事项］

避免使用铝制器皿，以免降低本品的抗菌活性；忌与肥皂、洗衣粉等阴离子表面活性剂同用，以防对抗或减弱本品的抗菌效力；由于本品有脱脂作用，故不适用于饮水的消毒。

百 毒 杀

［作用与用途］

本品无毒、无刺激性，低浓度瞬间能杀灭各种病毒、细菌、真菌等致病微生物，具有除臭和清洁作用。主要用于鸭舍、用具及环境的消毒。也用于孵化室、饮水槽及饮水消毒。

［用量与用法］

0.05%溶液用于疾病感染消毒，通常用 0.05%溶液进行浸泡、洗涤、喷洒等。

平时定期消毒及环境、器具、种蛋消毒：通常按 1∶600 稀释，进行喷雾、洗涤、浸泡。

饮水消毒：改善水质时，通常按 1∶2 000～4 000 稀释。

碘

［作用与用途］

碘通过氧化和卤代作用而呈现强大的杀菌作用，能杀死细菌芽孢、真菌和病毒，对某些原虫和蠕虫也有效。碘酊常用于皮肤及创面的消毒，可作饮水消毒。碘甘油因无刺激性，常用于患部黏膜涂搽。

［用量与用法］

2%碘酊用于鸭皮肤及创面的消毒，在 1 升水中加入 2%碘酊 5～6 滴，用于饮水消毒，能杀死致病菌及原虫，15 分钟后可供饮用；5%碘酊用于手术部位及注射部位的消毒；碘甘油（为含碘 1%的甘油制剂）用于黏膜炎症的涂擦。

1%碘甘油的配制方法：取碘化钾1克，用少量蒸馏水溶解后，再加入1克碘片搅拌、溶解后，再加甘油至100毫升。

乙醇（酒精）

[作用与用途]

本品是很常用的体表消毒药。以70%～75%乙醇的杀菌力最强。

[用量与用法]

70%～75%乙醇。

75%乙醇的配制方法：取95%的酒精1000毫升，加295毫升的水即可。

第三节　常用疫苗及高免血清

一、疫　苗

鸭瘟鸡胚化弱毒冻干疫苗

[用途]

预防鸭瘟。

[用量与用法]

15～20日龄小鸭首免，每只胸肌或胸部皮下注射1羽份。30～35日龄鸭再加强免疫1次，每只注射2羽份。产蛋前后备鸭每只注射5羽份。

[免疫期]

免疫后3～4天产生免疫力，免疫期为4～6个月。

[贮存温度]

－5℃以下保存，有效期1年；4～8℃保存，有效期8个月；11～25℃保存，有效期14天。

禽流感油乳剂灭活疫苗（H5、H9单价苗或H5＋H9双价苗）

[用途]

预防鸭禽流感。

[用量与用法]

5～7日龄雏鸭进行首免，经2个月进行二免，产蛋前的种鸭进行三免。商品鸭只进行首免即可。在鸭禽流感严重流行区5～7天首免，21天二免。

[免疫期]

注射疫苗后15天产生免疫力，免疫期4～6个月。

［贮存温度］

4～8℃保存，有效期为1年。

［注意事项］

由于注射本疫苗后15天才能产生免疫力，在禽流感流行地区，常在疫苗还未产生免疫力之前，有些鸭群已感染发生禽流感。因此，在雏鸭注射本疫苗之后，应加强清洁卫生工作，防止禽流感病毒的传入。

雏鸭病毒性肝炎弱毒疫苗

［用途］

预防雏鸭病毒性肝炎。

［用量与用法］

按瓶签注明的羽份，用灭菌生理盐水稀释，混合均匀后，颈部皮下或肌内注射，每只0.5毫升。1日龄雏鸭皮下注射0.2毫升/羽，对有母源抗体的雏鸭，在7～10日龄免疫较为合适。种鸭应在产蛋前，间隔6周以上连续免疫两次，每次皮下或肌内注射1.0～2.0毫升/羽。

［免疫期］

注射疫苗后3～4天即可产生免疫力，免疫期为1个月。种鸭免疫后，其母源抗体可持续6个月，其中所产种蛋孵出的雏鸭，在14天内可有效抵抗病毒感染。

［贮存温度］

－15℃保存，有效期为1年；4～10℃保存，有效期不超过8个月。

雏番鸭细小病毒弱毒疫苗（三周病）

［用途］

预防雏番鸭细小病毒病（三周病）。

［用量与用法］

按瓶签注明的羽份，冻干苗用生理盐水或稀释液稀释，给2天内的雏番鸭每羽皮下注射0.2毫升。

［免疫期］

注射疫苗后7天产生免疫力，免疫期为6个月。

［贮存温度］

冻干苗 －20℃保存，有效期为3年；2～8℃保存，有效期为2年；液体苗－20℃保存，有效期为18个月。

［注意事项］

冻干苗随用随稀释。液体苗融化后，如发现沉淀应废弃。冻干苗稀释后，液体苗融化时，必须当天用完。雏番鸭发生本病流行或发生巴氏杆菌病和病毒性肝炎时，均不宜注射本苗。

小鹅瘟 GD 弱毒疫苗

[用途]

预防小鹅瘟，供产蛋前母鸭注射。母鸭免疫后在 120 天内所产的蛋孵出的小鸭可抵抗小鹅瘟感染。

[用量与用法]

在母鸭产蛋前 15～20 天，按瓶签说明的头份，用生理盐水稀释后，每只母鸭肌内注射 1 毫升。

未经免疫的种鸭群或种鸭群免疫后超过 4 个月以上所产的蛋孵出的雏鸭群，可在出壳后 24 小时内，用鸭胚化弱毒疫苗作 1∶50～100 稀释进行免疫，每只雏鸭皮下注射 0.1 毫升（或用冻干苗 1 头份的 1/10 剂量），免疫后 7 天内，严格隔离饲养，严防感染强毒。

[免疫期]

种母鸭在注射疫苗后 15～120 天内所产的蛋孵出的雏鸭，保护率为 95%以上，180 天内所产的蛋孵出的雏鸭，其保护率为 80%以上。

[贮存温度]

湿苗在 4～8℃贮存，有效期为 14 天；在 －15℃以下贮存，有效期为 1 年。

小鹅瘟油乳剂灭活疫苗

[用途]

预防小鹅瘟，供产蛋前母鸭注射。

[用量与用法]

母鸭在产蛋前 15 天左右进行注射，剂量按瓶签说明。

[免疫期]

免疫后约 15 天产生免疫力，每年在产蛋前免疫 1 次。

[贮存温度]

4～8℃保存，有效期为半年。

[注射事项]

用前和在使用中应充分摇匀，疫苗有脱乳现象不能使用。疫苗不能冻结保存。

鸭副黏病毒病油乳剂灭活疫苗

[用途]

预防鸭副黏病毒病。

[用量与用法]

2～7日龄或10～15日龄雏鸭进行首免，每只颈部皮下注射0.5毫升。在首免之后2个月进行二免，每只注射0.5～1毫升，种鸭在产蛋前15天，进行三免，每只1～1.5毫升，再经2～3个月进行四免。

[免疫期]

注射疫苗后15天产生免疫力，免疫期可达半年。

[贮存温度]

4～8℃可保存，有效期为半年。

禽霍乱弱毒活疫苗

[用途]

预防禽霍乱。

[用量与用法]

用20%铝胶生理盐水稀释为0.5毫升含1羽份，每只注射0.5毫升。

[免疫期]

正常情况下可达2～3个月。

[贮存温度]

2～8℃保存，有效期1年。

[注意事项]

正在产蛋的鸭暂不使用，以免影响产蛋；在注射疫苗的前1周及免疫后10天内不得使用抗生素，以免造成免疫失败；疫苗只能用氢氧化铝胶稀释，以延长免疫期，切不可用生理盐水或其他水代替。稀释后的疫苗，必须在短时间内用完。

禽霍乱油乳剂灭活疫苗

[用途]

预防禽霍乱。

[用量与用法]

15～20日龄鸭于颈部皮下或肌内注射0.5毫升，若是肉鸭可采取靠近腹壁大腿内侧皮下注射，以免影响肉质。

[免疫期]

注射疫苗后14天产生免疫力，免疫期6个月。

[贮存温度]

2～8℃避光保存，有效期1年。

[注意事项]

对蛋鸭的产蛋率稍有影响，很快可恢复。疫苗若脱乳，不能使用。

二、抗血清和高免蛋黄抗体

抗鸭瘟高免血清

[用途]

预防、治疗鸭瘟。

[用量与用法]

胸部皮下或肌内注射。1～10日龄鸭每只1毫升，10日龄以上每千克体重2毫升。

[贮存温度]

－10℃保存，有效期1年。

抗雏鸭病毒性肝炎血清

[用途]

预防、治疗雏鸭病毒性肝炎。

[用量与用法]

肌内或皮下注射，预防量为0.3～0.5毫升/只，治疗量为1～5毫升/只。

[贮存温度]

冻结保存，有效期2年。

抗小鹅瘟高免血清

[用途]

预防和治疗小鹅瘟（鹅细小病毒病）。

[用量与用法]

雏鸭出壳之后24小时内，每只胸部皮下注射1～1.5毫升，必要时在20～25日龄时再注射1次。

[贮存温度]

－10℃保存，有效期1年以上；－20℃保存，有效期3年。

[注意事项]

为防止在注射过程中被细菌污染，可在血清中加入丁胺卡那霉素或庆大霉素等；为防止小鹅瘟的发生，雏鸭出壳之后越早注射效果越好；一般情况，注射1

次，但在小鹅瘟严重流行的情况下，可注射2次。

抗小鹅瘟高免蛋黄液

［用途］

预防和治疗小鹅瘟（鹅细小病毒病）。

［用量与用法］

雏鸭出壳之后24小时内于颈部皮下注射1.5～2毫升，10日龄再注射第2次，每只2毫升。

［贮存温度］

－10℃可保存，有效期6～9个月。

第四节　使用药物的注意事项

一、使用治疗药物的注意事项

1. 注意鸭的生物学特性与用药的关系　家禽的呼吸系统有特殊的气囊结构，这些气囊可以扩大药物的吸收面积，促进药物扩散、吸收作用，增加药物的吸收量。因此，对鸭的呼吸道病，采用气雾给药时，药物既可在呼吸道发挥局部作用，亦可由呼吸道黏膜快速吸收产生全身作用。家禽尿液pH为5.3～6.4，且对磺胺类药物的平均吸收率在所有的动物中是最高的，磺胺类药物药量偏大或用药时间过长，对外来纯种禽或雏禽有很强的毒性反应，故鸭只应慎用磺胺类药物，使用时可在饮水或饲料中添加一定浓度的$NaHCO_3$以碱化尿液，促进磺胺及代谢物从肾脏排泄。禽类缺乏充分的胆碱酯酶贮备，对抗胆碱酯酶药物如有机磷酸酶类非常敏感，故不用敌百虫、敌敌畏等有机磷酸酯类药物，或使用此类杀虫剂时要注意剂量和投药方法，以防鸭中毒。

2. 切勿盲目滥用抗菌药物

（1）育雏阶段少用抗菌药物　在正常情况下，鸭肠内寄居很多对机体有益的微生物，如果从育雏的第一天开始就喂给雏鸭各种抗生素，那么抗菌药物在杀死致病细菌的同时，大多数对机体有益的细菌也被消灭了。由于雏鸭肠内的微生物群尚未完善，消化机能也较弱，容易造成肠内微生物区系的失调，出现食欲不振、消化不良和营养缺乏症及各种代谢障碍病。因此，在育雏期间尽量少用抗菌药物，可多用微生态制剂，如杆菌肽。

倘若沙门氏菌、大肠杆菌、支原体等垂直传播的病原菌相当严重时，则可以在雏鸭出壳1～2天内，用敏感的抗菌药饮水，每天1次，连用2天。然后喂给微生态制剂，拌料喂7～10天，并添加多种维生素。

(2) 对症用药，选用敏感药物 鸭群一旦发生细菌性疾病时，有条件的可做药敏试验，筛选敏感药物进行治疗。没有条件做药敏试验的，针对病原，应根据细菌种类选用抗生素，如对革兰氏阴性菌引起的疾病应选用链霉素等，对革兰氏阳性菌引起的感染可选用青霉素、四环素类和红霉素，对耐青霉素及四环素类的葡萄球菌感染可选用红霉素、卡那霉素、庆大霉素。

(3) 掌握抗菌药物的用药方法、剂量和疗程 使用抗菌药物时应按规定的剂量、疗程、用药方式用药。

药物的剂量可以影响药物在体内的浓度，药物在体内要达到一定的剂量才能发挥作用。剂量太小达不到治疗疾病的效果，而剂量太大，一方面造成浪费，另一方面会引起不良反应，或者会发生中毒以至大批死亡。

抗菌药物一般应连续用3～5天，在症状消失后再用1～2天，切忌停药过早而导致疾病复发。

治疗鸭常用的给药方式为饮水或拌料。饮水给药应选易溶于水的药物。防治肠道感染的疾病，应选择肠道吸收率较低或不吸收的药物，如庆大霉素、卡那霉素和新霉素等。防治全身感染的疾病，应选用口服给药的生物利用度高的药物。防治呼吸系统感染的疾病，则应选用不但对呼吸器官有很强亲和力，而且能在气囊、肺和气管中达到有效杀菌浓度的药物，如氟喹诺酮类等。当鸭食欲减少或废绝时，应采用饮水给药。有些药物虽然可以溶于水，但不耐酸、不耐酶。因此，也不能以饮水方式给药，如青霉素粉剂。作为治疗性饮水或拌料给药时，应在给药前停水或停料一段时间，先饮完药液或食完药料之后，再给予清水或无拌药的饲料。

(4) 联合用药注意事项 长期大剂量单独使用同一种药物，或者剂量不足，病原菌对这些药物容易产生不同程度的耐药性，降低或失去其治疗效果。因此，建议选用多种有效的抗菌药物联合使用或交替使用，这样可以避免耐药性菌株的产生。

使用药物要搞清楚药物之间的合理配伍和配伍禁忌，不能盲目配合使用。合理的药物配伍可引起药物的协同作用，不合理的药物配伍就会起到降低疗效，或者产生沉淀、分解失效，甚至毒性增强，出现不良反应。如盐酸林可霉素与甲硝唑合用可增强疗效，若与罗红霉素合用则可降低疗效，若与磺胺类药合用（碱性的磺胺药与酸性的药物接触）则产生浑浊而失效。

(5) 严格遵守药物的停药期规定和禁用药规定 所谓休药期，系指屠宰禽只及禽蛋在上市前必须遵守的停药时间。严格遵守药物的停药期规定，严禁使用禁用药，保障鸭产品的食用安全。

二、使用疫苗免疫接种的注意事项

1. 疫苗的保存 冻干弱毒疫苗应该低温冻结（－10℃左右）保存。油乳剂灭活疫苗应置4～8℃，不能冻结。一旦冻结，解冻之后容易引起脱乳而失效。若油乳剂分层（即上层清、下层呈乳白色），摇匀后还可使用。若下层清、上层呈乳白色则属脱乳，不能使用。

2. 疫苗的稀释 若是冻干弱毒疫苗，使用时要用灭菌生理盐水（或冷开水）稀释，切记不要往疫苗里加入抗生素，因为不少抗生素不是呈酸性就是碱性，大量抗生素加入疫苗中，会影响疫苗的pH，从而影响疫苗的质量，降低免疫效果。更不能将抗生素粉剂及针剂（油剂抗生素除外）加入油苗中，否则容易引起脱乳。

3. 器具的消毒 注射器及针头等用具应先洗干净，再煮沸消毒或高压灭菌。

4. 油乳剂灭活苗的注射部位 可在颈部下1/3正中处，掐起皮肤，针头向鸭背方向插入，切忌在颈部的两侧注射，因容易刺破颈部血管而出现皮下血肿，压迫颈部神经或刺伤颈部肌肉影响颈的活动。切忌作腿部肌内注射，因会影响其走路，或由于疼痛引起跛行。雏鸭采用腿内侧皮下注射，效果较好。

注射油乳剂苗会引起一定的反应，1～2天内鸭只出现食欲减少，但很快恢复，产蛋种鸭会出现1～2天的产蛋下降现象。在注射疫苗过程中，抓鸭动作要轻，放下要慢，以避免应激。

附　录

附录一　肉鸭祖代、父母代种鸭基础免疫程序

免疫时间	疫苗种类	免疫途径	每只免疫剂量
3 周龄	禽流感 H5、H9 疫苗	颈部皮下注射	0.5 毫升
5 周龄	鸭肝炎疫苗	颈部皮下注射	1 羽份
6 周龄	鸭瘟疫苗	颈部皮下注射	1 羽份
7 周龄	禽流感 H5、H9 疫苗	颈部皮下注射	0.5 毫升
8 周龄	鸭肝炎疫苗	颈部皮下注射	1 羽份
9 周龄	鸭巴氏杆菌病疫苗	颈部皮下注射	1 羽份
10 周龄	鸭瘟疫苗	颈部皮下注射	1 羽份
20 周龄	鸭瘟疫苗	肌内注射	2 羽份
24 周龄	禽流感 H5、H9 疫苗	颈部皮下注射	1.0 毫升
45 周龄	鸭肝炎疫苗	颈部皮下注射	3 羽份
55 周龄	鸭瘟疫苗	肌内注射	2 羽份
57 周龄	禽流感 H5、H9 疫苗	颈部皮下注射	1.0 毫升

附录二　商品代肉鸭基础免疫程序

免疫时间	疫苗种类	免疫途径	每只免疫剂量
3 日龄	鸭肝炎疫苗	颈部皮下注射	2 羽份
7 日龄	禽流感 H5、H9 疫苗	颈部皮下注射	0.5 毫升
14 日龄	鸭瘟疫苗	颈部皮下注射	1 羽份

附录三　蛋鸭祖代、父母代种鸭基础免疫程序

免疫时间	疫苗种类	免疫途径	每只免疫剂量
14日龄	禽流感H5、H9疫苗	颈部皮下注射	0.5毫升
21日龄	鸭肝炎疫苗	颈部皮下注射	1羽份
6周龄	鸭瘟疫苗	颈部皮下注射	1羽份
7周龄	禽流感H5、H9疫苗	颈部皮下注射	1毫升
9周龄	鸭巴氏杆菌病疫苗	颈部皮下注射	1羽份
10周龄	鸭瘟疫苗	颈部皮下注射	1羽份
20周龄	鸭瘟疫苗	肌内注射	2羽份
21周龄	鸭肝炎疫苗	颈部皮下注射	2羽份
24周龄	禽流感H5、H9疫苗	颈部皮下注射	1.0毫升
45周龄	鸭肝炎疫苗	颈部皮下注射	3羽份
55周龄	鸭瘟疫苗	肌内注射	2羽份
57周龄	禽流感H5、H9疫苗	颈部皮下注射	1.0毫升

附录四　商品代蛋鸭基础免疫程序

免疫时间	疫苗种类	免疫途径	每只免疫剂量
3日龄	鸭肝炎疫苗	颈部皮下注射	2羽份
7日龄	禽流感H5、H9疫苗	颈部皮下注射	0.5毫升
5周龄	禽流感H5、H9疫苗	颈部皮下注射	0.8毫升
6周龄	鸭瘟疫苗	颈部皮下注射	1羽份

附录五　我国部分兽药在家禽的停药期规定
（兽药名称、执行标准、停药期）

农业部第278号公告中有关家禽使用的兽药停药期

1. 二氢吡啶，部颁标准，肉鸡7日。
2. 二硝托胺预混剂，兽药典2000版，鸡3日，产蛋期禁用。

3. 土霉素片，兽药典2000版，禽5日，弃蛋期2日。

4. 马杜霉素预混剂，部颁标准，鸡5日，产蛋期禁用。

5. 四环素片，兽药典1990版，鸡4日，产蛋期禁用。

6. 甲磺酸达氟沙星粉、溶液，部颁标准，鸡5日，产蛋鸡禁用。

7. 甲磺酸培氟沙星可溶性粉、注射液、颗粒，部颁标准，禽28日，产蛋鸡禁用。

8. 吉他霉素预混剂，部颁标准，鸡7日，产蛋期禁用。

9. 地克珠利预混剂、溶液，部颁标准，鸡5日，产蛋期禁用。

10. 地美硝唑预混剂，兽药典2000版，鸡28日，产蛋期禁用。

11. 那西肽预混剂，部颁标准，鸡7日，产蛋期禁用。

12. 阿苯达唑片，兽药典2000版，禽4日。

13. 阿莫西林可溶性粉，部颁标准，鸡7日，产蛋鸡禁用。

14. 乳酸环丙沙星可溶性粉，部颁标准，禽8日，产蛋鸡禁用。

15. 乳酸环丙沙星注射液，部颁标准，禽28日。

16. 乳酸诺氟沙星可溶性粉，部颁标准，禽8日，产蛋鸡禁用。

17. 注射用硫酸卡那霉素，兽药典2000版，禽28日。

18. 环丙氨嗪预混剂（1%），部颁标准，鸡3日。

19. 复方阿莫西林粉，部颁标准，鸡7日，产蛋期禁用。

20. 复方氨苄西林片、粉，部颁标准，鸡7日，产蛋期禁用。

21. 复方氨基比林注射液，兽药典2000版，禽28日。

22. 复方磺胺对甲氧嘧啶片，兽药典2000版，禽28日。

23. 复方磺胺对甲氧嘧啶钠注射液，兽药典2000版，禽28日。

24. 复方磺胺甲噁唑片，兽药典2000版，禽28日。

25. 复方磺胺氯哒嗪钠粉，部颁标准，鸡2日，产蛋期禁用。

26. 枸橼酸乙胺嗪片，兽药典2000版，禽28日。

27. 枸橼酸哌嗪片，兽药典2000版，禽14日。

28. 氟苯尼考注射液，部颁标准，鸡28日。

29. 氟苯尼考溶液、粉，部颁标准，鸡5日，产蛋期禁用。

30. 洛克沙胂预混剂，部颁标准，禽5日，产蛋期禁用。

31. 恩诺沙星片、溶液、可溶性粉，兽药典2000版，鸡8日，产蛋鸡禁用。

32. 氧氟沙星片、注射液，部颁标准，禽28日，产蛋鸡禁用。

33. 氨苯胂酸预混剂，部颁标准，禽5日，产蛋鸡禁用。

34. 海南霉素钠预混剂，部颁标准，鸡7日，产蛋期禁用。

35. 烟酸诺氟沙星可溶性粉、注射液、溶液，部颁标准，禽28日，产蛋鸡禁用。

36. 盐酸二氟沙星片、粉、溶液，部颁标准，鸡1日。

37. 盐酸壮观霉素可溶性粉，兽药典2000版，鸡5日，产蛋期禁用。

38. 盐酸左旋咪唑，兽药典2000版，禽28日。

39. 盐酸多西环素片，兽药典2000版，禽28日。

40. 盐酸异丙嗪片，兽药典2000版，禽28日。

41. 盐酸环丙沙星可溶性粉、注射液，部颁标准，禽28日，产蛋鸡禁用。

42. 盐酸洛美沙星片、可溶性粉、注射液，部颁标准，禽28日，产蛋鸡禁用。

43. 盐酸氨丙啉、乙氧酰胺苯甲酯、磺胺喹噁啉预混剂，兽药典2000版，鸡10日，产蛋鸡禁用。

44. 盐酸氨丙啉、乙氧酰胺苯甲酯预混剂，兽药典2000版，鸡3日，产蛋期禁用。

45. 盐酸氯丙嗪片，兽药典2000版，禽28日。

46. 盐酸氯丙嗪注射液，兽药典2000版，禽28日。

47. 盐酸氯苯胍片，兽药典2000版，鸡5日，产蛋期禁用。

48. 盐酸氯苯胍预混剂，兽药典2000版，鸡5日，产蛋期禁用。

49. 盐霉素钠预混剂，兽药典2000版，鸡5日，产蛋期禁用。

50. 酒石酸吉他霉素可溶性粉，兽药典2000版，鸡7日，产蛋期禁用。

51. 酒石酸泰乐菌素可溶性粉，兽药典2000版，鸡1日，产蛋期禁用。

52. 氯羟吡啶预混剂，兽药典2000版，鸡5日，产蛋期禁用。

53. 氰戊菊酯溶液，部颁标准，禽28日。

54. 硝氯酚片，兽药典2000版，禽28日。

55. 硫酸红霉素可溶性粉，兽药典2000版，鸡3日，产蛋期禁用。

56. 硫酸卡那霉素注射液（单硫酸盐），兽药典2000版，28日。

57. 硫酸安普霉素可溶性粉，部颁标准，鸡7日，产蛋期禁用。

58. 硫酸黏菌素可溶性粉、预混剂，部颁标准，禽7日，产蛋期禁用。

59. 硫酸新霉素可溶性粉，兽药典2000版，鸡5日，火鸡14日，产蛋期禁用。

60. 越霉素A预混剂，部颁标准，鸡3日，蛋期禁用。

61. 精制马拉硫磷溶液，部颁标准，禽28日。

62. 精制敌百虫片，兽药规范1992版，禽28日。

63. 蝇毒磷溶液，部颁标准，禽28日。

64. 磺胺二甲嘧啶片，兽药典2000版，禽10日。

65. 磺胺二甲嘧啶钠注射液，兽药典2000版，禽28日。

66. 磺胺对甲氧嘧啶，二甲氧苄氨嘧啶片，兽药规范1992版，禽28日。

67. 磺胺对甲氧嘧啶、二甲氧苄氨嘧啶预混剂，兽药典1990版，禽28日，产蛋期禁用。

68. 磺胺对甲氧嘧啶片，兽药典2000版，禽28日。

69. 磺胺甲噁唑片，兽药典2000版，禽28日。

70. 磺胺间甲氧嘧啶片，兽药典2000版，禽28日。

71. 磺胺间甲氧嘧啶钠注射液，兽药典2000版，禽28日。

72. 磺胺喹噁啉、二甲氧苄氨嘧啶预混剂，兽药典2000版，鸡10日，产蛋期禁用。

73. 磺胺喹噁啉钠可溶性粉，兽药典2000版，鸡10日，产蛋期禁用。

74. 磺胺氯吡嗪钠可溶性粉，部颁标准，火鸡4日，肉鸡1日，产蛋期禁用。

75. 磺胺噻唑片，兽药典2000版，禽28日。

76. 磺胺噻唑钠注射液，兽药典2000版，禽28日。

77. 磷酸左旋咪唑片，兽药典1990版，禽28日。

78. 磷酸哌嗪片（驱蛔灵片），兽药典2000版，禽14日。

79. 磷酸泰乐菌素预混剂，部颁标准，鸡5日。

附录六　我国食品动物禁用的兽药及其他化合物清单

1. 兴奋剂类　克仑特罗（Clenbuterol）、沙丁胺醇（Salbutamol）、西马特罗（Cimlaterol）及其盐、酯及制剂，禁止所有用途，禁止在所有食品动物中使用。

2. 性激素类　己烯雌酚（Diethylstilbestrol）及其盐、酯及制剂，禁止所有用途，禁止在所有食品动物中使用。

3. 具有雌激素样作用的物质　玉米赤霉醇（Zeranol）、去甲雄三烯醇酮（Trenbolone）、醋酸甲孕酮（Mengestrol Acetate）及制剂，禁止所有用途，禁止在所有食品动物中使用。

4. 氯霉素（Chloramphenicol）**及其盐、酯，包括琥珀氯霉素**（Chloramphenicol Succinate）**及制剂**　禁止所有用途，禁止在所有食品动物中使用。

5. 氨苯砜（Dapsone）**及制剂**　禁止所有用途，禁止在所有食品动物中使用。

6. 硝基呋喃类　呋喃唑酮（Furazolidone）、呋喃它酮（Furaltadone）、呋喃

苯烯酸钠（Nifurstyrenate sodium）及制剂，禁止所有用途，禁止在所有食品动物中使用。

7. 硝基化合物 硝基酚钠（Sodium nitrophenolate）、硝呋烯腙（Nitrovin）及制剂，禁止所有用途，禁止在所有食品动物中使用。

8. 催眠、镇静类 安眠酮（Methaqualone）及制剂，禁止所有用途，禁止在所有食品动物中使用。

9. 林丹（丙体六六六，Lindane）**杀虫剂** 禁止所有用途，禁止在所有水生食品动物中使用。

10. 毒杀芬（氯化烯，Camahechlor）**杀虫剂、清塘剂** 禁止所有用途，禁止在所有水生食品动物中使用。

11. 呋喃丹（克百威，Carbofuran）**杀虫剂** 禁止所有用途，禁止在所有水生食品动物中使用。

12. 杀虫脒（克死螨，Chlordimeform）**杀虫剂** 禁止所有用途，禁止在所有水生食品动物中使用。

13. 双甲脒（Amitraz）**杀虫剂** 禁止所有用途，禁止在所有水生食品动物中使用。

14. 酒石酸锑钾（Antimonypotassiumtartrate）**杀虫剂** 禁止在所有水生食品动物中使用。

15. 锥虫胂胺（Tryparsamide）**杀虫剂** 禁止在所有水生食品动物中使用。

16. 孔雀石绿（Malachitegreen）**抗菌、杀虫剂** 禁止在所有水生食品动物中使用。

17. 五氯酚酸钠（Pentachlorophenol sodium）**杀螺剂** 禁止在所有水生食品动物中使用。

18. 各种汞制剂 包括氯化亚汞（甘汞，Calomel）、硝酸亚汞（Mercurous nitrate）、醋酸汞（Mercurous acetate）、吡啶基醋酸汞（Pyridyl mercurous acetate）杀虫剂，禁止在所有食品动物中使用。

19. 性激素类 甲基睾丸酮（Methyltestosterone）、丙酸睾酮（Testosterone Propionate）、苯丙酸诺龙（Nandrolone Phenylpropionate）、苯甲酸雌二醇（Estradiol Benzoate）及其盐、脂及制剂，禁止用于促生长，禁止在所有食品动物中使用。

20. 催眠、镇静类 氯丙嗪（Chlorpromazine）、地西泮（安定，Diazepam）及其盐、脂及制剂，禁止用于促生长，禁止在所有食品动物中使用。

21. 硝基咪唑类 甲硝唑（Metronidazole）、地美硝唑（Dimetronidazole）及其盐、酯及制剂，禁止用于促生长，禁止在所有食品动物中使用。

参　考　文　献

陈伯伦．2008．鸭病［M］．北京：中国农业出版社．

甘孟侯．1999．中国禽病学［M］．北京：中国农业出版社．

郭玉璞．1988．鸭病［M］．北京：中国农业出版社．

Y. M. Sail 主编．2005．禽病学［M］．苏敬良，等主译．第 11 版．北京：中国农业出版社．

阎继业．2007．畜禽药物手册［M］．北京：金盾出版社．

杜金平．2007．鸭鹅养殖技术［M］．北京：北京艺术与科学电子出版社．

张海斌．2006．绿色养鸭新技术［M］．北京：中国农业出版社．

张泽济，陈伯伦．1989．鸡、鹅、鸭常见病简易诊断及防治［M］．广州：广东科技出版社．

张大丙，曲丰发，郑献进，等．2006．鸭疫里默氏菌血清型的研究概况［J］．中国兽医杂志，42（11）：38－40．

图书在版编目（CIP）数据

鸭病/艾地云主编. —北京：中国农业出版社，2011.9

（兽医全攻略）

ISBN 978-7-109-15898-6

Ⅰ.①鸭… Ⅱ.①艾… Ⅲ.①鸭病-防治 Ⅳ.①S858.32

中国版本图书馆 CIP 数据核字（2011）第 150561 号

中国农业出版社出版

（北京市朝阳区农展馆北路 2 号）

（邮政编码 100125）

责任编辑　颜景辰

北京中兴印刷有限公司印刷　　新华书店北京发行所发行

2011 年 9 月第 1 版　　2011 年 9 月北京第 1 次印刷

开本：720mm×960mm　1/16　　印张：9

字数：148 千字　　印数：1～5 000 册

定价：20.00 元